城市园林绿化与生态环境的可持续发展探索

胡晨希　钟　敏　王志海　著

哈尔滨出版社
H.P.H
HARBIN PUBLISHING HOUSE

图书在版编目（CIP）数据

城市园林绿化与生态环境的可持续发展探索 / 胡晨希，钟敏，王志海著． — 哈尔滨：哈尔滨出版社，2024.1

ISBN 978-7-5484-7418-0

Ⅰ．①城… Ⅱ．①胡… ②钟… ③王… Ⅲ．①城市－园林－绿化－研究②生态环境－可持续性发展－研究
Ⅳ．① S731 ② X22

中国国家版本馆 CIP 数据核字（2023）第 134376 号

书　　名：城市园林绿化与生态环境的可持续发展探索
CHENGSHI YUANLIN LVHUA YU SHENGTAI HUANJING DE KECHIXU FAZHAN TANSUO

作　　者：胡晨希　钟　敏　王志海　著

责任编辑：韩伟锋

封面设计：张　华

出版发行：哈尔滨出版社（Harbin Publishing House）

社　　址：哈尔滨市香坊区泰山路 82-9 号　邮编：150090

经　　销：全国新华书店

印　　刷：廊坊市广阳区九洲印刷厂

网　　址：www.hrbcbs.com

E－mail：hrbcbs@yeah.net

编辑版权热线：（0451）87900271　87900272

开　　本：787mm×1092mm　1/16　印张：12　字数：260 千字

版　　次：2024 年 1 月第 1 版

印　　次：2024 年 1 月第 1 次印刷

书　　号：ISBN 978-7-5484-7418-0

定　　价：76.00 元

凡购本社图书发现印装错误，请与本社印刷部联系调换。

服务热线：（0451）87900279

前　言

　　城市风貌是城市自然、人文因素凝练的城市物质空间意象以及人们的审美感受，既反映了城市的空间景观、神韵气质，又蕴含着地方的文化特质和市民的情感寄托，城市绿地景观是城市空间格局和城市风貌的重要组成部分，是城市自然、历史、情感、艺术相互交融的结晶，它不仅给城市带来勃勃生机，滋养市民身心，而且也是展现城市特色和魅力的重要内容之一。

　　现阶段，随着我国经济的不断发展，居民对环境的要求越来越高，同时我国政府为了提升居民的生活质量，促进我国社会经济的可持续发展，提出了建设"资源节约型、环境友好型"的两型社会，这些都要求我们必须做好居民居住环境的生态环境和园林绿化工作，特别是做好城市生态环境与园林绿化工作。

　　本书首先阐述了城市环境、城市生态系统、园林生态系统的基础知识，接着介绍了园林地形、园林水体、园林植物种植、园林建筑与小品等园林绿化组成要素的规划设计以及园林绿植绿化的施工方法等内容；并探究了园林绿化的技术管理、艺术管理以及生态管理，以提高园林绿化养护管理工作效率；随后论述了可持续发展的基本理论、环境保护与可持续发展战略的关系以及环境保护的可持续发展对策等内容；最后探究了可持续城市生态园林设计、居住地绿地生态可持续规划等内容。对于景观设计师、建筑师、景观专业学生和设计爱好者来说是一本非常实用的工具书。

目录

第一章 城市环境与园林生态系统基础知识

第一节 城市环境

一、城市环境的概念及特点

（一）城市环境的概念

城市环境是指影响城市人类活动的各种自然的或人工的外部条件的总和。狭义的城市环境主要指物理环境及生物环境，包括大气、土壤、地质、地形、水文、气候、生物等自然环境及建筑、管线、废弃物、噪声等人工环境。广义的环境，除了物理环境之外，还包括社会环境、经济环境和美学环境。从景观规划设计师的角度来看，城市环境主要是狭义的含义。它也可分为生物环境和非生物环境两部分。生物环境包括城市中的植物、动物和微生物；非生物环境则指城市的气候、水文、土壤、建筑和基础建设等。

（二）城市环境的组成

（1）城市物理环境，其组成可分为自然环境和人工环境两个部分。城市自然环境包括地形、地质、土壤、水文、气候、植被、动物、微生物等因素，它们是城市环境的基础，城市环境的形成在许多方面受到自然环境的影响和作用，同时城市自然环境的性质和状况也因人类活动而发生很大的变化。城市人工环境包括房屋、道路、管线、基础设施、不同用途的土地、废气、废水、废渣、噪声等因素，它们是人类对自然环境进行改造后形成的结果。

（2）城市社会环境，它体现了城市这一区域在满足人类各类活动方面所提供的条件，包括人口分布与结构、社会服务、文化娱乐、社会组织等。

（3）城市经济环境，它是城市生产功能的集中表现，反映了城市经济发展的条件和潜势，包括物质资源、经济基础、科技水平、市场、就业、收入水平、金融及投资环境等。

（4）城市美学环境，也称城市景观环境，是城市形象、城市气质和韵味的外在表现和反映，包括自然景观、人文景观、建筑特色、文物古迹等。

（三）城市环境的特点

1.城市环境具有相对明确的界限

城市有明确的行政管理界限及法定范围。城市内部还可分为远郊区、近郊区和城区，城区还可分为不同的行政管理区，它们之间都有行政管理界限。行政管理界限不同于自然环境中水系、植被类型、山川的分布界线。

2.城市环境受人工化的巨大影响

城市是人类对自然环境施加影响最强烈的地方。城市人口集中、经济活动频繁，对自然环境的改造力强、影响力大。这种影响又会受到自然规律的制约，导致一系列城市环境问题。例如，城市热岛效应、城市雨量较郊区多、城市大气和水体污染等。

3.城市环境组分复杂、功能多样

与一般自然环境不同，城市环境的构成不仅有自然环境因素，还有人工环境因素，同时还有社会环境因素、经济环境因素和美学环境因素。城市环境的自然环境因素和人工环境因素是人类对自然环境加以人工改造后才得以形成的。城市环境包括人类社会环境与经济环境因素，表明城市是人类社会高度集聚的聚落形式。人类在城市中经济活动高度集聚，并由于经济的高度集聚性导致了社会生活的高集聚。另外，美学因素也是城市环境的一个独特的组成部分。城市在提供给人类一个经济、社会生活的人工化的空间区域的同时，已将特定的美学特征赋予城市环境本身。这一美学因素将对城市人类产生长期的、潜移默化的影响及效应。

城市环境的组成决定了城市环境结构的复杂性，它具有自然和人工环境的多种特性。同时，城市环境所具有的空间性、经济性、社会性及美学特征，又使得其结构呈现多重性及复式特征。正是由于城市环境所具有的多元素构成、多因素复合式结构，才能保证其能够发挥多种功能，使得城市在一个国家社会经济发展过程中起巨大作用，远远超过了其本身地域的范围。

4.城市环境制约因素多

首先，受外部环境的制约。从生态学讲，城市生态系统不是封闭系统，只能是开放性的。如果城市系统内外的物流、能流、信息流出现中断或梗阻，后果是无法想象的。可见城市环境系统对外界有很大的依赖性，只有这种系统间的流动维持畅通和平衡，城市环境系统才会正常运行和保持良性循环。其次，城市环境还受包括城市社会环境、城市经济环境在内的诸多因素的制约。再次，国内外政治形势及国家宏观发展战略的取向与调整也对城市环境产生种种直接或间接的影响。

5.城市环境系统的脆弱性

城市越是现代化、功能越复杂，系统内外和系统内部各因素之间的相关性和依赖性越强，一旦有一个环节发生问题，将会使整个环境系统失去平衡。在现代社会，城市中的任何主要环节出了问题而不能及时解决，都可能导致城市的困扰和运转失常，甚至会瘫痪。

（四）城市环境问题概述

城市是工业化和经济社会发展的产物，人类社会进步的标志。然而在城市化进程中，特别是城市向现代化迈进的历程中，不少城市遇到了诸如人口膨胀、交通拥挤、住房紧张、能源短缺、供水不足、生物多样性减少、环境污染严重等城市环境问题。其中，城市环境污染是最严重的问题，它已成为制约城市发展的一个重要障碍。例如，根据对美国 85 个城市的调查，每年大气污染因侵蚀城市建筑物、住宅而带来的损失就达 6 亿美元。在我国，许多城市的环境污染已相当严重，如太原、兰州、石家庄、重庆和北京等城市曾被列入全球大气污染严重的城市。如何更有效地控制我国城市环境污染，改善城市环境质量，使城市社会经济得以持续、稳定和协调发展，已成为一个迫在眉睫的问题。

城市是人类同自然环境相互作用最为强烈的地方，城市环境是人类利用、改造自然环境的产物。城市环境受自然因素与社会因素的双重作用，有着自身的发展规律。或者说，城市是一个复杂的、受多种因素制约、具有多功能的有机综合载体，只有实现城市经济、社会、环境的协调发展，才能发挥其政治、经济、文化等的中心作用，并得以健康和持续发展。

（五）我国城市的环境污染

1. 城市大气污染

根据相关研究，1981—1990 年，我国城市大气污染是以总悬浮颗粒物和二氧化硫为主要污染物的煤烟型污染。少数特大城市属煤烟与汽车尾气污染并重类型。在大气污染物中，总悬浮颗粒物（TSP）是我国城市空气中的主要污染物，60.0% 的城市 TSP 浓度年平均值超过国家二级标准；二氧化硫浓度年平均值超过国家二级标准的城市占统计城市的 28.4%，南北城市差异不大；氮氧化物在南北城市都呈上升趋势，尤其是广州、上海、北京等城市，氮氧化物在冬季已成为首位污染物，表明我国一些特大城市大气污染开始转型。

2. 城市水体污染

我国城市水环境质量从城市主要江河水系的监测结果看，一级支流污染普遍，二、三级支流污染较为严重。主要污染问题仍表现在江河沿岸大、中城市排污口附近，岸边污染带和城市附近的地表水普遍受到污染的问题没有得到缓解。城市地下水污染逐年加重，全国大城市水体富营养化严重。目前，我国城市水环境污染有以下特点：城市地表水污染变化总趋势是污染加剧程度得到控制，但仍有日趋严重的可能。主要表现在化学耗氧量、生化需氧量、挥发酚、氰化物、氨氮、重汞等主要污染指标总体上呈上升趋势；城市饮用水水源地监测结果表明，一半以上的水源地受到不同程度的污染，主要污染物是细菌、化学耗氧量、氨氮等；城市地下水污染重，三氮和硬度指标呈加重趋势。多数城市地下水受到污染，水井水质低于饮用水水质标准的逐渐增加；各主要水系干流水质虽基本良好，但各自都有一些遭受严重污染的江段。各水系的环境条件不同，污染程度差异较大。

3. 城市固体废弃物

我国虽对固体废弃物控制做出了一定的努力，但由于历年积累量很大，且年复一年又增加新的废弃物，而目前处理量和综合利用率都很低，致使固体废弃物对环境的冲击越来越大。目前的主要问题是：废渣产生量大。据有关部门统计，工业废渣量约为城市固体废弃物排放量的 3/4，另有数量可观的生活垃圾，现在许多城市生活垃圾的增长速度大于工业废渣的增长速度。废渣综合利用率低。工业废渣综合利用率虽逐年有所增长，但增长速度缓慢。

同时，城市垃圾无害化处理甚少，仅少数城市有无害化处理设施，无害化处理量仅占排放量的百分之几，矛盾日益尖锐。城市固体废弃物目前基本上都是露天堆放，占用大量土地。全国有数十个城市废渣堆存量在 1000 万 t 以上。各种废弃物露天长期堆放，日晒雨淋，可溶成分溶解分解，有害成分进入大气、水体、土壤中，造成二次环境污染。

4. 城市噪声污染

我国许多城市环境的噪声污染相当严重，据 1995 年对 46 个城市的监测数据，区域环境噪声等效声级范围为 51.5 ~ 76.6dB（A），平均等效声级为 57.1dB（A）。道路交通噪声等效声级范围为 67.6 ~ 74.6dB（A），平均等效声级为 71.5dB（A），其中 34 个城市平均等效声级超过 70dB（A）。2/3 的交通干线噪声超过 70dB（A）。特殊住宅区噪声等效声级全部超标，居民文教区超标的城市达 97.6%，一类混合区和二类混合区超标的城市均为 86.1%，工业集中区超标的城市为 19.4%，交通干线道路两侧区域超标的城市为 71.4%。

总之，城市人口集中，经济活动频繁，建筑物高度密集，对原有自然环境的改造力强、影响程度大，因此其气候、水文、土壤等生态条件明显不同于城市周围地区，形成特殊的城市生态环境。了解城市的环境特点，对选择适宜的园林绿化树种以及合理规划布局城市绿地系统、充分发挥园林植物的生态功能、改善城市环境质量具有重要意义。

二、城市气候与大气污染

（一）城市气候

城市形成后，由于下垫面性质的改变、空气组成的变化以及人为热和人为水汽的影响，在当地纬度、大气环流、海陆位置、地形等区域气候因素作用的基础上，导致城市内部气候与周围郊区气候的差异。这种差异虽不足以改变城市所在地原有的气候类型，但在许多气候要素上表现出明显的城市特征。

在城市建筑物以下至地面，称为城市覆盖面。它受人类活动影响最大，与建筑物密度、高度、几何形状、街道宽度和走向、建筑材料、人为热和人为水汽的排放量及绿化覆盖率等关系密切。由建筑物屋顶向上到积云中部高度为城市边界层。它受城市空气污染物性质和浓度以及参差不齐的屋顶热力和动力影响，湍流效果显著，与城市覆盖面间存在着物质与能量交换，并受区域气候因子的影响。在城市下风方向还有一个市尾烟云层。这一层气流、污染物、云雾、降水和气温都受到城市的影响。在市尾烟云层之下为乡村边界层。城市边界层的上限高度因天气条件而异，如在中纬度大城市，晴天白昼常为 1000 ~ 1500m，而夜晚只有 200 ~ 250m。

（二）城市大气污染

城市空气因子的变化主要表现为大气污染。大气污染是指在空气的正常成分之外，又增加了新的成分，或者原有成分骤然增加而危害人类健康和动植物的生长发育。

1. 污染源类型、种类

（1）污染源类型。污染源类型主要有以下几种分类：

①点源与面源。点源是指集中在一点或小范围内向空气排放污染物的污染源，如多数工业污染源。面源是指在一定面积范围内向空气排放污染物的污染源。如居民普遍使用的取暖锅炉、炊事炉灶，郊区农业生产过程中排放空气污染物的农田等。面源污染分布范围广，数量大，一般难以控制。

②自然污染源与人为污染源。大气污染物除了小部分来自火山爆发、尘暴等自然污染源之外，主要来源于人类生产和生活活动引起的人为污染。

③固定源与流动源。固定源是指污染物从固定地点排出，如火力发电厂、钢铁厂、石油化工厂、水泥厂等。固定源排出的污染物主要是煤炭、石油等化石燃料燃烧以及生产过程排放的废气。流动源主要是指汽车、火车、轮船等各种交通工具，它们与工厂相比，虽然排放量小而分散，但数目庞大，活动频繁，排放的污染物总量还是不容忽视的。随着我国城市迅速发展，汽车越来越成为最大的流动污染源，排放的污染物有一氧化碳、氮氧化物、碳氢化合物等。

（2）污染物种类。大气污染物种类很多，目前引起人们注意的有 100 多种，概括分为两大类：气态污染物和颗粒状污染物。

颗粒状污染物是指空气中分散的微小的固态或液态物质，其颗粒直径 0.005 ~ 100μm。一般可分为烟、雾和粉尘等。烟是指因蒸汽冷凝作用或化学反应生成的直径小于 0.1μm。雾是直径在 100μm 以下的液滴。由于空气中烟、雾常同时存在且难以区分，故常用"烟雾"一词表示。粉尘包括直径 1 ~ 100μm 的固体微粒，主要来自煤炭、石油燃料的燃烧和物质的粉碎过程。其化学组成十分复杂，有金属微粒、非金属氧化物及有机化合物等，危害作用有的由颗粒大小直接引起，有的由化学成分引起。粉尘根据粒子大小和沉降速度可再划分为降尘和飘尘，前者微粒直径小于 10μm，后者微粒直径大于 10μm。

直接进入大气的气态污染物（即初级污染物）主要有：

①硫氧化物。硫氧化物大多数是二氧化硫，部分是三氧化硫。在气体污染物中，二氧化硫是城市中分布很广、影响较大的污染物，主要是燃煤的结果。在稳定的天气条件下，二氧化硫聚集在低空，与水生成亚硫酸，当它氧化成三氧化硫时，毒性增大，并遇水形成硫酸，继而形成硫酸烟雾。硫酸烟雾的毒性更大，尤其是在风速低和逆温层引起的空气滞留的情况下，危害十分严重。

②氮氧化物。氮氧化物主要是一氧化氮和二氧化氮，它们是在高温条件下，由空气中的氮与氧反应而生成的，汽车排气是氮氧化物的主要来源。一氧化氮不溶于水，危害不大，但当它转变为二氧化氮时就具有和二氧化硫相似的腐蚀与生理刺激作用。

③碳氢化物。包括多种烃类化合物，主要来源是石油燃料的不完全燃烧和挥发，其中汽车占很大比例。

④碳氧化物。一氧化碳和二氧化碳都是空气中固有的成分，但自然状态下浓度很小。一氧化碳的浓度大约为 $0.1mg/m^3$，但在污染地区可达 $80 \sim 150mg/m^3$，主要是汽车排放废气所致。一氧化碳是一种无色、无味、无臭的气体，人们不易察觉，但吸入人体后可降低血红素与氧的结合能力。当空气中的浓度达到 $120mg/m^3$ 时，可使人头痛、眩晕、感觉迟钝，浓度在 $360mg/m^3$ 时，即使几分钟，也可以损伤视觉，甚至可能产生恶心和腹痛。

2. 影响城市大气污染的环境因素

城市空气污染程度除了取决于污染物排放量之外，还与城市及其周围的气象、地理因素等有密切关系。

在气象因素中，风和湍流是直接影响大气污染物稀释和扩散的重要因素。风对污染物的作用体现在两个方面：第一，输送污染物的作用。污染物的去向决定于风向，污染源下风方向，空气污染总是比较严重。第二，稀释和冲淡污染物的作用。风速越大，污染物被空气稀释的作用也越大。大气湍流在直观上表现为风的阵性，即风速和风向的变化。湍流运动的结果使流场各部分充分混合，污染物随之得到分散、稀释，该现象即大气扩散。大气湍流强度与气温的垂直分布及大气稳定度有关。如果大气温度随高度增加而逐渐降低的程度越大，即气温垂直递减率越大，大气越不稳定，这时湍流将得以发展，大气对污染物的稀释扩散能力也越强。相反，如果气温递减率越小，大气越稳定。尤其是在出现逆温层时，更是如此。例如，在副热带高压控制区，高空存在大规模的下沉气流，由于气流下沉的绝热增温作用，导致在下沉终止的高度出现逆温。这种逆温发生于地面以上的一定高度，形成的范围较大。逆温的存在像盖子一样起着阻止作用，如果延续时间长，对污染物的扩散会造成十分不利的影响。

此外，由于太阳辐射是地面和大气的主要能量来源，其变化会影响到大气温度的垂直分布，因此，在不同季节、一天中的不同时间及不同天气条件下，大气污染程度都会有一定变化。一般而言，夏季的垂直温差较大，冬季较小且容易出现逆温，容易发生大气污染；晴朗的白天垂直温差较大，在阴天或多云的天气条件下或在夜间气温垂直递减率较小，大气污染程度要高一些。

地形、地貌、海陆位置、城镇分布等地理因素可以在一定范围内引起空气温度、气压、风向、风速、大气湍流等的变化，因而也会对大气污染物的扩散产生间接影响。例如，我国兰州等处于山谷地形中的工业城市往往空气污染程度要大一些。因为在山谷中，白天山坡上的温度比山谷中的温度高，气流沿谷底向上吹，形成谷风，夜间山坡的温度比谷底低，冷空气沿山坡向谷底吹，形成山风，这样工厂排放的污染物常在谷地和坡地之间回旋，不易扩散。又比如，在沿海地区，由于水陆面导热率和热容量的差异，常出现海陆风。白天在太阳辐射下，陆地表面升温快，故形成从海面吹向陆地的海风，夜间正好相反，又形成从陆地吹向海面的陆风。海风一般比陆风要强，可深入内地几千米，高度达数百米。有些沿海工业城市，为了海运方便，将工业区建在海滨，生活区设在内地，在海风作用下，会造成严重的空气污染。

3. 大气污染对园林植物的影响

当有害气体浓度达到一定浓度时，就会影响到园林植物的生长发育。反过来，园林植物也具有吸收有害气体、吸附尘粒、杀菌等净化的作用。

（1）二氧化硫（SO_2）。当空气中的 SO_2 浓度达到 0.2 ~ 0.3mg/m³ 并持续一定时间的情况下，有些敏感植物可能受到伤害，达到 1mg/m³ 时有些树木出现受害症状，特别是针叶树则出现明显的受害症状。SO_2 浓度达到 2 ~ 10mg/m³ 时，一般树木均发生急性受害。SO_2 对植物的危害还表现在其在降水条件下形成酸雨。

SO_2 伤害植物的过程首先是通过气孔进入叶片后，被叶肉吸收，转变为亚硫酸盐离子，然后又转变为硫酸盐离子。亚硫酸盐离子在植物体内的浓度和毒性都大于硫酸盐离子，因此，高浓度的亚硫酸盐离子是使植物中毒的主要原因。SO_2 对植物的影响主要有以下几个方面：①气孔机能瘫痪。②叶片组织结构被破坏。一般叶片内细胞失水变形，组织破碎，栅栏组织细胞的排列层次紊乱，细胞间隙增大，叶片明显变薄，细胞内发生质壁分离等。③光合作用一般受到抑制，叶绿素失去镁离子，使叶绿素 a/b 值变小。

（2）氯气。氯气是一种具有强烈臭味的黄绿色气体，主要来自化工厂、制药厂和农药厂。相关实验说明，氯气的浓度为 2mg/m³ 作用 6h，朝鲜忍冬即有 25% 的叶面积受害，小叶女贞 3 天后 30% 的叶面积受害，而侧柏、大叶黄杨、鸢尾等均不受害。

氯气对植物的杀伤力比 SO_2 大，在同样浓度下，氯气的危害程度约为 SO_2 的 3 倍。氯进入叶片后，能很快破坏叶肉细胞内的叶绿素，使叶片产生褐色伤斑，严重的甚至全叶漂白脱落。氯引起的伤斑与 SO_2 引起的伤斑比较相似，主要分布在叶脉间，呈不规则点状或块状。但氯引起的伤斑的特点是受伤组织与健康组织之间常没有明显界限，这是与 SO_2 所引起的伤斑不同之处。

（3）氟化物。氟化物使植物受害的原因主要是积累性中毒，接触时间的长短是危害植物的重要因素。氟化物通过气孔进入叶片后，很快溶解在叶肉细胞的水溶液内，经一系列反应转化成有机氟化物。氟的毒害效果在于它使光合作用长时间地受到抑制，并且它也是一些酶的抑制剂。如果空气中氟化物浓度较高，叶肉组织发生酸性伤害，叶脉间组织首先发生水渍斑，以后逐渐干枯，变为棕色或黄棕色，在健康组织与坏死组织之间形成一条明显的过渡带。氟化物被叶片吸收后，还可经薄壁细胞间隙到达导管，然后随蒸腾流到达叶端或叶缘，因此，氟化物引起的伤斑开始多集中于叶尖和叶缘，呈环带状分布，以后逐渐向内发展。

（4）臭氧。臭氧是光化学烟雾的重要成分之一。光化学烟雾是一种特殊的次生污染物，它是由汽车和工厂排出的氮氧化物和碳化氢，经太阳紫外线照射而产生的一种毒性很大的蓝色烟雾。臭氧进入气孔后损害叶肉的栅栏组织和表皮细胞，在叶片表面呈现出红棕色或白色的斑点，进而导致植物枯死。

4. 植物的抗污染能力及植物配置

绿色植物吸收有害气体主要是靠叶面进行的。$100m^2$ 的森林，其叶面积可达 $7500m^2$；$100m^2$ 的草坪，其叶面积为 $2200 \sim 2800m^2$。庞大的叶面积在净化大气方面起到了重要的作用。但当大气中的有害气体超过了绿色植物能承受的阈值时，植物本身也会受害，甚至枯死。能危害植物的污染物最低剂量称为伤害阈值或临界剂量，它是污染物浓度和接触时间综合作用的结果，不同污染物危害植物的临界剂量是不同的，同一污染物危害对不同种类植物的危害程度也不同，有些植物较为敏感，另一些植物抗性较强。只有那些对有害气体吸收量大、抗性强的绿色植物才能在大气污染严重的地区顽强地生长，并发挥其净化效果。

吸收能力强的植物，一般叶子吸收积累污染物的含量高，年生长量大，生长迅速。速生和吸收能力强的植物多为抗性弱或较弱，抗性强的植物多生长慢，吸收污染物能力弱。抗性强和吸收能力强兼备的植物并不多。目前已知的对 SO_2、氟化物、氯气和酸雨抗性较强的树木有夹竹桃、珊瑚树、油茶、枸杞、大叶黄杨、小叶黄杨、侧柏、圆柏、木麻黄、沙枣、柽柳、棕榈、女贞、白皮松、海桐、小叶榕、印度榕等。吸收净化能力较强的有水杉、池杉、落叶松、落羽衫、杉木、柳杉、悬铃木、泡桐、杨树、臭椿、枫杨、木槿、赤杨、梓树、桃树、白桦、桑树、大叶桉、黄葛树、银桦等。大多数植物都能吸收臭氧，其中银杏、柳杉、樟树、夹竹桃、刺槐等净化作用较大。

利用园林树种营建城市环境保护林，可以兼顾观赏、美学等社会效益和净化空气等生态效益。目前，我国多数城市和地区已确定了城市现有树木的抗性和吸收净化能力，这些结果已得到推广应用。下一步的重点应在开发乡土树种和自然植被中的优良绿化树种，改善城市绿化树种的组成。

三、城市水文特征和水体污染

（一）城市水文特征

城市气候的变化和城市地面的特殊性使得城市水文特征明显不同于郊区农村。城区大部分为不透水的路面和建筑物，植被少，水分蒸发和蒸腾量比郊区减少，渗透到地下的数量明显降低，但由于城市降水量及暴雨量增多，故城市地表径流显著增加，地表径流通过城市完善的下水管道迅速流出城区。在洪水季节，城市的这种地表径流特点增加了产生迅猛洪水的可能性。

（二）水体污染

水体污染是指进入水体的污染物质超过了水体的自净能力，使水的组成和性质发生变化，从而使动植物生长条件恶化，人类生活和健康受到不良影响。水体污染的最直接原因是生活污水与工业废水的排放。

引起水体污染的主要污染物可总结为以下四类：

（1）无机无毒物，主要包括氮、磷、无机酸、无机碱与一般无机盐等。当生活污水的粪便和含磷洗涤剂以及化肥等经雨水的冲洗而进入水体后，使水体中氮、磷、钾等植物营养物质增多，可促进水生藻类过度繁殖，造成水体富营养化。水体富营养化后，水体中溶解氧明显下降，水体浑浊、透明度降低，严重时水生藻类死亡产生毒素，致使水中生物死亡，水体腥臭难闻。

（2）无机有毒物，包括氰化物、砷化物及重金属中的汞、铬、镉、铅等，主要来自工矿企业排放的废水。重金属污染在水体中十分稳定。常被水中的悬浮物吸附沉入水底淤泥，成为长期的次生污染源。

（3）有机无毒物，多属于碳水化合物、蛋白质和脂类等，一般易于被生物分解。

（4）有机有毒物，多属于人工合成的，如有机氯农药、合成洗涤剂、合成染料等。这类污染物不易被微生物分解，有些是致癌、致畸物质。

（三）植物对水体的净化作用

环境污染会危害植物，但反过来，植物也能保护环境，因为植物具有吸收积累和分解转化有毒物质的能力。我们可以选取吸收有毒物质能力较强的观赏植物，既可美化环境，也可以实现净化环境的目的。

目前，国内外开始实验用凤眼莲、芦苇、香蒲、莲等水生植物建设污水处理塘，其特点是以大型水生植物为主体，植物和根际微生物共生，产生协同效应，从而达到净化污水的目的。

四、城市土壤和土壤污染

（一）城市土壤性质的变化

城市建设和人类生活、生产活动对城市现有土壤的物理性质、化学性质和土壤生物活动都有很大影响。

由于人流践踏、建房筑路活动以及路面铺装对周围土壤的影响，城市土壤的坚实度明显大于郊区土壤。一般越接近地表坚实度越大，人为因素对坚实度的影响主要表现在 20～30cm 范围内。土壤坚实度的增大，导致土壤板结，不利于或阻绝土壤中气体与大气之间的交换，使土壤透气性下降，保水、透水性能都较差。降水时，地表径流增大，下渗水减少，在低洼处更容易积水；而在干旱时，土壤失水较快，从而影响到对根系的水分供应。此外，坚实的土壤还会使土壤微生物减少，土壤有机物分解缓慢，土壤中有效养分大大减少，而且较难形成团粒结构。

城市中经常有大量的建筑、生产、生活废弃物就地填埋，极大地改变了原自然土壤的剖面性质，形成具有自身特点的城市堆垫土层，其物理性质明显变差。由于砖瓦、石砾、煤渣、石灰渣、混凝土块和垃圾等新生体的类型不同，侵入的数量也不同，在不同地段对土壤性质改变的程度也不同。如果在土壤较黏重的地段，填埋适量的固体废弃物，有利于改善土壤通气状况。但当砖瓦、石砾等渣土混入过多时，又会使植物根系难以穿透而限制其生长，并且使土壤持水能力下降。

在酸雨作用下，城市土壤的 pH 总体上是下降的，土壤酸化比较明显，但有的地方由于城市垃圾和废水污染而出现碱化现象。另外，城市堆垫土的化学性质也会因废弃物的存在而发生变化。例如，灰渣土可使土壤钙镁盐类和土壤 pH 增加，重金属含量也较高。

（二）土壤污染

因为固体垃圾或废物及大气或水体中的污染物的沉积、迁移与转化，经常造成城市土壤的污染。土壤污染可使土壤的性质、组成等发生变化，使土壤中污染物质的积累过程逐渐占据优势，破坏了土壤中微生物的自然平衡，导致土壤结构和质量恶化，土壤肥力下降，进而影响植物生长。土壤污染不像水体和大气污染那样直观，但一旦污染后，可通过多种途径直接或间接地危害人类的健康，其治理程度也更加困难。土壤受污染的主要途径可分为以下主要类型：

（1）大气污染型。污染物质来源于被污染的大气，污染物主要集中在土壤表层。其中二氧化硫等酸性氧化物以酸雨形式污染土壤，使土壤酸化，破坏土壤肥力；其他污染物以飘尘、降尘形式降落，造成土壤的多种污染。土壤污染的程度和污染物组成成分与污染源类型和距离污染源的远近而不同。例如，在道路两侧，由于大量的汽车废气排放，土壤重金属含量普遍增加，尤其是铅、锌等，愈靠近公路含量愈高。

（2）水污染型。主要是指污水灌溉所造成的污染。我国许多城市，尤其是水源不足的城市，引用污水灌溉，使土壤受到不同程度的重金属、有机物和病原体污染。

（3）固体废弃物污染型。主要是城市垃圾、建筑废弃物所造成的污染。这些固体废弃物在堆放过程中由于扩散、降水淋洗等直接或间接地影响土壤。

第二节　城市生态系统

一、生态系统概述

（一）生态系统的概念

生态系统是特定地段中全部生物与物理环境的统一体。具体来讲，生态系统为一定空间内生物成分和非生物成分通过物质循环、能量流动和信息交换而相互作用，相互依存所构成的生态学功能单位。

生态系统不论是自然的还是人工的，都具有以下共同特征：

（1）生态系统内部具有自我调节能力。生态系统的结构越复杂，物种数目越多，自我调节能力也越强。但生态系统的自我调节能力是有限度的，超过了这个限度，调节也就失去了作用。

（2）生态系统具有能量流动、物质循环和信息传递等三大功能。能量流动是单方向的，物质流动是循环式的，信息传递则包括营养信息、化学信息、物理信息和行为信息，构成了信息网。

（3）生态系统是一个动态系统，要经历一个从简单到复杂、从不成熟到成熟的发育过程，其早期发育阶段与晚期发育阶段具有不同的特性。

（4）生态系统是一个开放系统。自然生态系统需要太阳光能，并经常与其他生态系统发生物质和能量交换。人工生态系统如城市生态系统也与外界发生物质和能量交换。

（二）生态系统的组成成分

生态系统中包括六种组分：

（1）无机物：包括氮、氧、二氧化碳和各种无机盐等。

（2）有机化合物：包括蛋白质、糖类、脂类和腐殖质等。

（3）气候因素：如温度、湿度、风和降水等，太阳辐射也可归入此类。

（4）生产者：指能利用无机物制造食物的自养生物，主要是各种绿色植物，也包括蓝绿藻和光合细菌。

（5）消费者：指以其他生物为食的各种动物，包括植食动物、肉食动物、杂食动物和寄生动物等。

（6）分解者：主要指分解动植物残体、粪便和各种复杂有机物的细菌、真菌，也包括原生动物和蚯蚓、秃鹫等食腐动物。分解者能将有机物分解为简单的无机物，而这些无机物通过物质循环后可被自养生物重新利用。分解者和消费者都是异养生物。

（三）生态系统的结构

生态系统结构包括物种结构、空间结构和营养结构，其中最主要的是营养结构。

1. 食物链和食物网

植物所固定的能量通过一系列的取食和被取食关系在生态系统中传递，我们把生物之间存在的这种能量传递关系或取食与被取食关系称为食物链。我国民谚"大鱼吃小鱼，小鱼吃虾米"就是食物链的生动体现。一般食物链都由 4～5 个环节构成的，如草—昆虫—小鸟—蛇—鹰，最简单的由 3 个环节构成，如草—兔—狐狸。

许多食物链经常互相交叉，形成一张无形的网，把许多生物包括在内，这种复杂的取食关系就是食物网。一个复杂的食物网是使生态系统保持稳定的重要条件。

食物链主要有两种类型：捕食食物链和碎屑食物链。前者是以活的动植物为起点的食物链，后者是以死的生物或腐屑为起点的食物链。在大多数陆地生态系统和浅水生态系统中，能量流动主要通过碎屑食物链，净初级生产量中只有很少一部分通向捕食食物链。只有在某些水生生态系统中，捕食食物链才成为能量流动的主要途径。

2. 营养级和生态金字塔

一个营养级就是指处于食物链某一环节的所有生物种的总和，因此，营养级之间的关系不是指一种生物与另一种生物的关系，而是指一类生物和处于不同营养级上另一类生物之间的关系。例如，所有自养生物都处于食物链的起点，即食物链的第一环节，构成第一个营养级；所有以生产者为食的动物都属于第二营养级，又称植食动物营养级；所有以植食动物为食的肉食动物都属于第三营养级。以此类推，还有第四个营养级（即二级肉食动物营养级）和第五个营养级等。由于食物链的环节是受限制的，所以营养级的数目也不可能很多，一般限于 3～5 个。营养级等级越高，归属于这个营养级的生物种类和数量就越少，当物种质量少到一定程度时，就不能再维持另一个营养级中生物的生存。

能量从低一级营养级向高一级营养级传递时，其转移效率是很低的。下面营养级所储存的能量只有大约 10% 能够为上一营养级所利用，其余大部分能量被消耗在该营养级的呼吸作用上，以热能的形式释放到大气中。生态学称之为 1/10 定律。

生态金字塔是指各个营养级之间的数量关系，这种数量关系可采用生物量单位、能量单位和个体数量单位，生态金字塔也相应地分别称为生物量金字塔、能量金字塔和数量金字塔。

（四）生态系统的功能

1.生物生产

生态系统的生物生产包括初级生产和次级生产两个过程。初级生产是生产者，主要是绿色植物通过光合作用，把太阳能转变为化学能的过程，又称为第一性生产。消费者和分解者利用初级生产所制造的物质和能量进行新陈代谢，经过同化作用转化成自身物质和能量的过程，称为次级生产或第二性生产。

2.能量流动与物质循环

生态系统的基本功能为物质循环和能量流动。物质循环和能量流动使生态系统各个营养级之间和各种成分之间相互联系，形成一个完整的功能单位。但能量流动和物质循环的性质是不同的，能量流经生态系统最终以热的形式消散，即能量流动是单方向的，因此生态系统必须不断地从外界获得能量。而物质的流动是循环式的，各种物质都能以可被植物利用的形式重返环境。能量流动和物质循环都是借助于生物之间的取食过程而进行的，这两个过程密切相关，不可分割，因为能量是储存在有机分子键内，当能量通过呼吸作用被释放出来用以做功时，该有机化合物就被分解，并以较简单的物质形式重新释放到环境中去。

物质循环可在3个不同层次上进行：生物个体、生态系统层次、生物圈层次。生态系统层次是生态系统中营养物质的循环，生物圈层次为生物地球化学循环，可分为水循环、气体型循环和沉积型循环。

有毒有害物质的循环是指那些对有机体有毒有害的物质进入生态系统，通过食物链富集或被分解的过程。与大量元素相比较，尽管有毒有害物质的数量少，但随着工农业的发展，人类向环境中投放的化学物质与日俱增，生物圈中的有毒有害物质的种类与数量随之增多，它对生态系统各营养级的生物的影响也越来越大，甚至已引起生态灾难。

有毒有害物质一经排放到环境中便立即参与生态系统的循环，它们像其他物质循环一样，在食物链营养级上循环传递。所不同的是大多数有毒物质，尤其是人工合成的大分子有机化合物和不可分解的重金属元素，在生物体内具有浓缩现象，在代谢过程中不能被排除，而被生物体同化，长期停留在生物体内，造成有机体中毒、死亡。这正是环境污染导致公害的原因。

（五）生态系统的发育和演替

生态系统与生物有机体一样，具有从幼期到成熟期的发展过程，这一过程称为生态系统的发育。生态系统的发育大体上包含着演替和进化两个方面，其中生态系统进化是系统在长时间尺度上的变化，生态系统的演替是系统在相对较短的时间尺度上的变化。

生态系统的演替是指一个类型的生态系统被另一个类型的生态系统所替代的过程。它的演替是以生物群落的演替为基础的，实际上群落演替是生态系统发育的主要部分。E.P.Odum 曾总结生态系统发育过程中群落演替的结构和功能重要特征的变化。生态系统随着演替或发育，往往是结构趋于复杂、多样性增加、功能完善和稳定性增加。

根据基质的不同，自然生态系统的演替可分为两类：旱生演替和水生演替。旱生演替始于干旱缺水的裸露基质，从最早出现的先锋植物群落地衣开始，经历苔藓、草本、灌木直到出现相对稳定的森林生态系统。这一系列的演替过程，就是一个演替系列。森林是不断演替到达的终点，即顶级群落。水生演替始于水体环境，如湖泊向森林的演替，经历沉水植物、浮水植物、挺水植物、草本湿生植物，直到灌木、乔木和森林生态系统。这一系列演替是生物量不断增大的过程，植株高度的增加及其改造环境的能力增强。

人为干扰和自然干扰对生态系统的演替趋势常有很大的影响作用。生态系统的退化就是逆向演替的结果，往往表现为生态系统结构简单化、多样性减少、生产力下降等方面。人们可通过积极性的干扰措施加快进展演替的速度，以尽快形成稳定的、结构复杂的生态系统类型。

二、城市生态系统

（一）城市生态系统的概念

城市为人口集中、工商业发达、居民以非农业人口为主的地区，通常是周围地区的政治、经济和文化中心。或者说，城市是以人为中心的、以一定的环境条件为背景的、以经济为基础的社会、经济、自然综合体。按照系统学的观点，这个综合体称为城市系统，从生态学的角度又可把城市系统称为城市生态系统。

对城市生态系统概念的理解，由于学科、研究方向等不同而有一定差异。代表性的定义有以下四种：

（1）城市生态系统是城市居民与周围环境组成的一种特殊的人工生态系统，是人们创造的自然—经济—社会复合生态系统。

（2）城市生态系统是以人为中心的自然—经济—社会复合人工生态系统。

（3）城市生态系统是以城市居民为主体，以地域空间和各种设施为环境，通过人类活动在自然生态系统基础上改造和营建的人工生态系统。

（4）城市生态系统是特定地域内的人口、资源、环境通过各种相生相克关系建立起来的人类聚居地或自然—经济社会复合体。

（二）城市生态系统的构成

社会学家把城市生态系统划分为城市社会和城市空间两大部分。城市社会由城市居民结构和城市组织结构组成，反映了城市的主体，即人的能力、需求、活动状况等，同时反映了城市职能特点。城市空间就是城市环境，由人工环境和自然环境两部分叠加构成。人工环境是指基础设施、生产设施和生活设施等建成区环境；自然环境可分为土地、空气、淡水、食物、能源等自然资源和城市所在地区的自然环境条件，即地域资源两个方面。

环境学家认为城市生态系统由生物系统和非生物系统两部分组成。生物系统包括城市居民和各种生物，其特点是居民占据主导地位，其他生物如植物、动物等数量少，栖息环境差，占据次要地位，但对维持城市生态系统平衡发挥了重要的作用。非生物环境包括人工物质、环境资源和能源三个子系统。人工物质系统是城市生态系统的重要组成部分，它是城市生态系统不同于自然生态系统的主要原因；环境资源系统一方面是生物系统的基本支撑，提供城市生态系统所需的各种资源，另一方面可以消纳城市生态系统的各种废弃物，特别是有害的污染物质，但当有害废弃物超过系统的自净功能时，会破坏整个环境资源系统；能源系统提供整个城市生态系统运转的能量，包括生物所需的和人类活动所需的能量，而后者占主要地位。

还有将城市生态系统分为社会生态、经济生态、自然生态等三个子系统，每个部分分别包括生物与非生物两个方面。社会生态子系统以人口为中心，以满足城市居民的就业、居住、交通、供应、文娱、医疗、教育及生活环境等需求为目标，为经济系统提供劳力和智力，它以高密度的人口和高强度的生活消费为特征。经济生态子系统以资源流动为核心，由工业、农业、建筑、交通、贸易、金融、信息、科教等下一级子系统所组成，以物资从分散向集中的高密度运转，能量从低质向高质的高强度聚集，信息从低序向高序的连续积累为特征。自然生态子系统以生物结构和物理结构为主线，包括植物、动物、微生物、人工设施和自然环境等，以生物与环境的和谐共生及环境对城市活动的支持、容纳、缓冲及净化为特征。

（三）城市生态系统的特点

1. 城市生态系统的人为性

城市生态系统是人工生态系统，人是生态系统的主体，这有三个方面的含义：①城市生态系统是人类发展到一定阶段的产物，是按照人类的意愿规划建设的，并由人类来管理的。因此，在城市生态系统中人是主导因素，人类活动的正确与否即能否与自然资源环境保持和谐的关系，决定了城市生态系统能否可持续发展。②以人为主体的城市生态系统的生态环境，除具有阳光、空气、水、土地、地形地貌、地质、气候等自然环境条件外，还大量地加入了人工环境的成分，同时使上述各种城市自然环境条件都不同程度地受到了人工环境因素和人活动的影响，使城市生态系统的环境变化显得更加复杂和多样化。③作为生物属性的人类，在城市生态系统中其生物量远远超过植物和动物的生物量。据调查，在东京的 23 个区中，人类现存量是 $610t/km^2$，而植物现存量是 $60t/km^2$；在北京市区内，人类现存量是 $976t/km^2$，植物现存量是 $130t/km^2$；在伦敦市区内，人类现存量是 $410t/km^2$，植物现存量是 $280t/km^2$。所以，次级生产者与消费者主要是人类。在自然生态系统中，能量在各营养级中的流动都是遵循生态金字塔规律的，城市生态系统却表现出倒金字塔形的特点，营养关系出现倒置，并且食物链简化，系统自我调节能力小。

2. 城市生态系统的不完整性

城市生态系统缺乏分解者或者分解者功能微乎其微，城市生态环境的自然调节能力严重下降，废弃物不可能由分解者就地分解，几乎全部需要输送到化粪池、污水厂或垃圾处理厂进行处理。城市生态系统生产者数量少，其作用也发生改变。城市中的植物，其主要任务已不是提供营养物质，而是美化景物，净化空气。城市居民需要的植物产品需要从外部提供。

3. 城市生态系统的开放性

首先，城市生态系统不是一个"自给自足"的系统，城市生态系统在物质和能源方面对外部生态系统有强烈的依赖性，并产生数量惊人的废弃物。其次，一个城市生态系统在人力、资金、技术、信息等方面也对外部系统有不同程度的依赖性，同时，它也向外部系统输出人力、资金、技术、信息，使得外部系统的运行也在相当程度上被城市的辐射力及其性质所影响和制约。

第三节　园林生态系统

一、园林生态系统的组成与结构

园林生态系统是城市生态系统的子系统，是指城市园林植物群落与城市环境之间通过能量转化和物质循环的作用，构成具有一定营养结构、功能和一定稳定性的统一体。园林生态系统由园林环境和园林生物两部分组成。园林环境是园林生物群落存在的基础，为园林生物的生存、生长发育提供物质基础；园林生物是园林生态系统的核心，是与园林环境紧密相连的部分。园林环境与园林生物相互联系，相互作用，共同构成了园林生态系统。

（一）园林生态系统的组成

1. 园林环境

园林环境通常包括园林自然环境、园林半自然环境和园林人工环境三个部分。

（1）园林自然环境

园林自然环境包含自然气候、自然物质和原生地理地貌三个部分。

1）自然气候。自然气候指光照、温度、湿度、降水等，为园林植物提供生存基础。

2）自然物质。自然物质是指维持植物生长发育等方面需求的物质，如自然土壤、水分、O_2、CO_2、各种无机盐类以及非生命的有机物质等。

3）原生地理地貌。原生地理地貌即造园时选定区域的地理地貌，亦称小生境。原生地理地貌对园林的整体规划有决定性的作用，对植物布局和其后的生存发展有重要影响。例如，在我国北方，一座小山阳面的植物和阴面的植物生长条件有很大的差异，必须设置不同类型的植物，且需兼顾景观效果。

（2）园林半自然环境

园林半自然环境是经过人们适度的管理但影响较小的园林环境，即经过适度的土壤改良、人工灌溉、遮阳避风等人为干扰或管理下的，仍以自然属性为主的环境，如人工湖、人工堆积的小山。它改变了原生地理地貌，增加了原区域不曾有的小气候和地理异质性。通过选择合适的植物种类，可造就与本地植被类型不同的植物景观。例如，承德避暑山庄就是典型的以半自然环境为主体的园林。在园林半自然环境内可通过各种人工管理措施，使园林植物等受到的各种外来干扰适度减小，在自然状态下正常生长发育。各种大型的公园绿地环境、生产绿地环境、附属绿地环境等都属于这种类型。

（3）园林人工环境

园林人工环境是人工创建的受人类强烈干扰的园林环境。该类环境下的植物必须通过强烈的人工保障措施才能保持正常的生长发育，如温室、大棚及各种室内园林环境等都属于园林人工环境。在该环境中，协调室内环境与植物生长之间的矛盾时，所采用的各种人工化的土壤条件、光照条件、温湿度条件等构成了园林人工环境的组成部分。

2.园林生物

园林生物指生存于园林边界内的所有植物、动物和微生物，它们是园林生态系统的核心和发挥各种效益的主体。园林生物的存在和结构状况决定园林生态系统的功能和作用。

（1）园林植物

凡生长于各种风景名胜区、休闲疗养胜地和城乡各类型园林绿地应用的植物统称为园林植物，其包括各种园林树木、草本、花卉等陆生和水生植物。园林植物是园林生态系统的功能主体，它们利用光能合成有机物质，为园林生态系统的良性运转提供物质和能量基础。作为系统的主体，园林植物不仅要与园林中的其他生物和谐相处，还要与园林地理、地貌、山石、水体协调一致。

园林植物有不同的分类方法，常用的分类方法如下。

1）按植物学特性划分

①乔木类。树高5m以上，有明显发达的主干，分枝点高。其中小乔木树高5~8m，如梅花、红叶李、碧桃等；中乔木树高8~20m，如圆柏、樱花、木瓜、枇杷等；大乔木树高20m以上，如银杏、悬铃木、毛白杨等。

②灌木类。树体矮小，无明显主干。其中小灌木高不足 1m，如金丝桃、紫叶小檗等；中灌木高 1.5m，如南天竹、小叶女贞、麻叶绣球、贴梗海棠等；大灌木高 2m 以上，如蚊母树、珊瑚树、紫玉兰、榆叶梅等。

③藤本类。茎匍匐不能直立，需借助吸盘、吸附根、卷须、蔓条及干茎本身的编绕性部分攀附他物向上生长的蔓性植物，如紫藤、木香、凌霄、五叶地锦、爬山虎、金银花等。

④竹类。属禾本科竹亚科，根据地下茎和地上生长情况又可分为三类。单轴散生型，如毛竹、紫竹、斑竹等；合轴丛生型，如凤尾竹、佛肚竹等；复轴混生型，如茶秆竹、苦竹、箬竹等。

⑤草本植物。草本植物包括一、二年生草本植物和多年生草本植物。既包含各种草本花卉，又包括各种草本地被植物。草本花卉类，如百日草、凤仙花、金鱼草、菊花、芍药、小苍兰、仙客来、唐菖蒲、马蹄莲、大岩桐、美人蕉、吊兰、君子兰、荷花、睡莲等；草本地被植物类，如结缕草、野牛草、狗牙根、地毯草、钝叶草、假俭草、黑麦草、早熟禾、剪股颖、麦冬、鸭跖草、长寿花等。

⑥仙人掌及多浆植物。主要是仙人掌类，还有景天科、番杏科等植物。

2）按用途划分

①观赏植物。按照观赏特性观赏植物又可分为以下几类。

a. 观形类。由于不同树种有不同的主干、分枝和树冠的生长发育规律，因而树形有明显差异，可以作为观赏点，如雪松、水杉、广玉兰、黑杨等。

b. 观枝干类。树木主干、枝条形状，树皮的结构；色泽，也是千姿百态，各具特色的，如毛白杨、白皮松、梧桐、竹子等。

c. 观叶类。树林叶片的大小、形状、颜色、质地和着生在枝上的疏密度等各有不同，显示出不同的景观，给人以不同的感受，如鹅掌楸、银杏、枫香、黄栌、红色叶李、紫叶小檗等。

d. 观花类。植物花的绽放是植物生活史中最辉煌的时刻，也是园林景观中最引人入胜的观赏点，此种植物种类非常多，如桃、梅、玫瑰、石榴、牡丹、桂花、紫藤等。

e. 观果类。许多树种具有美观的果实或种子，给人以丰足、富裕、满意的感觉，如南国红豆、木瓜、罗汉松、紫珠、栾树、火棘、南天竹等。

②药用植物。药用植物有牡丹、连翘、杜仲、山茱萸、辛夷、枸杞等。

③香料植物。香料植物有玫瑰、茉莉、桂花等。

④用材植物。用材植物有松、杉、榆、棕榈、桑等。

3）按园林使用环境划分

①露地植物。露地植物指露地生长的乔木、灌木、藤本、草本及切花、切叶、干花的栽培植物等。

②温室植物。温室植物指温室内的热带植物、亚热带植物、盆栽花卉及切花、切叶、干花的栽培植物等。

（2）园林动物

园林动物指在园林生态环境中生存的所有动物，包括鸟类、昆虫、兽类、两栖类、爬行类、鱼类等。园林动物是园林生态系统的重要组成成分，对于增添园林的观赏点，增加游人的观赏乐趣，维护园林生态平衡，改善园林生态环境，特别是指示环境，有着重要的意义。园林动物的种类和数量随不同的园林环境有较大的变化。在园林植物群落层次较多、物种丰富的环境中，特别是一些风景园林区，动物的种类和数量较多，而在人群密集、植物种类和数量贫乏的区域，动物的各类和数量却较少。

1）鸟类。鸟类是园林动物中最常见的种类之一。人们常将鸟语花香看作园林的最高境界。应该说城市公园或风景名胜区都是各种鸟类的适宜栖居地，特别是植物种类丰富、生境多样的园林，鸟的种类亦丰富多样。例如，北京圆明园有鸟类159种，优势种有大山雀、红尾伯劳、灰喜鹊、斑啄木鸟等。更有园林以观鸟为特色，如广东新会的"小鸟天堂"，是全国最大的天然赏鸟乐园，已成为著名的国际级生态旅游景点。然而，大部分园林景区附近人口密集，植物种类和数量贫乏，食物资源不足，加上人为捕捉或侵害，鸟类的生存环境恶化，已出现鸟类绝迹的趋势。广州曾是画眉、孔雀、翁翠、鹦鹉、八哥、花燕、灵鹅等几十种珍禽的故乡。而今，这些珍禽几乎已在广州绝迹，只有画眉作为广州的市鸟得以保存。近年广州市区的生态环境得到改善，植物种类和数量增多，鸟类的种类和数量又有增加趋势。由此不难看出，园林鸟类与园林环境息息相关。

2）昆虫。昆虫是园林动物中的常见种类之一，有植物必有昆虫。园林昆虫有两大类：一类是害虫，如鳞翅目的蝶类和蛾类，多是人工植物群落中乔灌木、花卉的害虫；另一类是益虫，如鞘翅目的某些瓢虫，有园林植物卫士之称，专门取食蚜虫、虱类等；又如蜜蜂，在园林中起着传授花粉的作用。总体而言，园林昆虫在园林生态系统中不占主要地位，对园林的景观形态亦无大的影响。但从生态学的角度看，保护园林昆虫对维护园林生态系统的生态平衡有重要的意义。

3）兽类。兽类是园林动物的种类之一。由于人类活动的影响，除大型自然保护景区外，城市园林环境和一般旅游景区中大、中型兽类早已绝迹，小型普类很少出现。常见的有蝙蝠、黄鼬、刺猬、蛇、蜥蜴、野兔、松鼠、花鼠等。在园林面积小、植物层次简单的区域，其种类和数量较少；而在园林面积较大、植物层次丰富的区域则较多。例如，北京市区内的种类有4种左右，近郊的颐和园和圆明园有约12种，香山公园则达18种之多。各种动物出现的频率因环境不同有所差别。

4）鱼类。鱼类是园林动物的种类之一。中国园林，有园必有水，有水必有鱼，而且多为人工放养的观赏鱼类。鱼类在园林水系中起着重要的生态平衡作用，它们的取食可净化水系；鱼的活动，平添园林景观，增加游人乐趣，特别是有大型水域的园林，可供游人垂钓，别有一番情趣。

（3）园林微生物

园林微生物即在园林环境中生存的各种细菌、真菌、放线菌、藻类等。园林微生物通常包括园林环境中的空气微生物、水体微生物和土壤微生物等。园林环境中的微生物种类，特别是一些有害的细菌、病毒等，数量和种类较少，是因为园林植物能分泌各种杀菌素消灭细菌。园林土壤微生物的减少主要由人为因素引起，如城市园林内各种植物的枯枝落叶经常被及时清扫干净，大大限制了园林环境中微生物的数量和发展。因此，城市必须投入较多的人力和物力行使分解者的功能，以维持正常的园林生物之间、生物与环境之间的能量传递和物质交换。

（二）园林生态系统的结构

园林生态系统的结构是指该系统中各种生物成分，尤其是各种园林植物在城市空间和时间上的配置状况。结构特征是指各种生物成分的种类成分、数量及其配置方式在空间和时间上的变化特征。园林生态系统的结构主要由三个部分组成，即构成系统的组分及量比关系，组分在时间、空间中的位置分布，组分间能量、物质、信息的流动途径和传递关系。园林生态系统结构主要包括组分结构、空间结构、时间结构、营养结构和层次结构五方面。

1.组分结构

园林生态系统的组分结构由园林生物和园林环境两部分构成。从园林生物的物种结构看，园林生态系统中各种生物种类以及它们之间的数量组合关系多种多样，不同的园林生态系统，其生物种类和数量有较大的差别。小型园林只有十几个到几十个生物种类，大型园林则由成百上千的园林植物、园林动物和园林微生物所构成。从园林环境结构看，园林生态系统的环境结构主要指自然环境和人工环境。自然环境包含光照、温度、湿度、降水、气压、雷电、土壤、水分、O_2、CO_2、各种无机盐类以及非生命的有机物质等；人工环境指人工创建的、受人类干预的园林环境，如温室、人工化土壤、人工化光照条件及温度条件等。此外，为了增加园林生态系统的人文环境塑造，树立以人为本的理念，提高园林生态系统的景观效果，加强园林生态系统的管理，人为建造的山、石、路、池、塘、亭、管、线、灯等，也应视为园林生态系统的人工环境。

2.空间结构

园林生态系统的空间结构指系统中各种生物的空间配置状况，通常分为水平结构和垂直结构。

（1）水平结构

园林生态系统的水平结构指园林生物在园林边界内地面上的组合与分布，狭义地讲，主要指园林植物于一定范围内在水平空间上的组合与分布。它取决于物种的生态学特性、种间关系及环境条件的综合作用，在构成群落的形态、动态结构和发挥群落的功能方面有重要作用。园林生态系统的水平结构直接关系园林景观的观赏价值和园林生态系统的物质交换、能量转移和信息传递。因各地自然条件、社会经济条件和人文环境条件的差异，其在水平方向上表现为以下三种结构类型。

1）自然式结构。园林植物在地面上的分布常表现为随机分布、集群分布、均匀分布和镶嵌式分布四种类型，无人工影响的痕迹。各种植物种类、类型及其数量分布无固定形式，表面上参差不齐，无一定规律，但本质上是植物与自然完美统一的过程。因此，园林植物采用参差不齐、种类和数量不等的法则就是遵循自然规律的一种表现。只有对植物的生理生态习性，植物与环境间的适应，植物与植物的种间、种内关系有全面的了解，才能配置出较为理想的自然式结构。各种自然保护区、郊野公园、森林公园的生态系统多是自然式结构。

2）规则式结构。园林植物在水平方向上的分布按一定的造园要求安排，具有明显的规律性，如圆形、方形、菱形等规则几何形状，或对称式、均匀式等规律性排列，具某种特殊意义，如地图类型的外部形态，等等。一般小型城市园林、小型公园的生态系统采取规则式结构。

3）混合式结构。园林植物在水平方向上的分布既有自然式结构，又有规则式结构，二者有机地结合在一起。在造园实践中，有些场合单纯的自然式结构往往缺乏庄严肃穆的氛围，而纯粹的规则式结构则略显呆滞，因而绝大多数园林采取混合式结构，原因是混合式结构既能有效地利用当地自然环境条件和植物资源，又能根据人类意愿，考虑当地自然条件、社会经济条件和人文环境条件，引进外来植物构建符合当地生态要求的园林系统，最大限度地为居民和游人创造宜人的景观。

（2）垂直结构

园林生态系统的垂直结构即成层现象，是指园林生物在一定的区域范围内垂直空间上的组合与分布，特别是园林植物群落的同化器官和吸收器官在地上的不同高度和地下不同深度的空间垂直配置状况。在垂直方向上，环境因子如地理高度、水体深度、土层厚度的不同而使生物群落形成适应不同环境条件的各类层次的立体结构。目前，园林生态系统垂直结构的研究主要集中在地上部分的垂直配置上。主要表现为以下六种配置状况：①单层结构，仅由一个层次构成，或草本，或木本，如草坪、行道树等。②灌草结构，由草本和灌木两个层次构成，如道路中间的绿化带配置。③乔草结构，由乔木和草本两个层次构成，如简单的绿地配置。④乔灌结构，由乔木和灌木两个层次构成，如小型休闲森林等的配置。⑤乔灌草结构，由乔木、灌木、草本三种层次构成，如公园、植物园、树木园中的某些配置。⑥多层复合结构，除乔、灌、草以外，还包括各种附生、寄生、藤本等植物配置，如复杂的森林或营造的一些特殊的植物群落等。

3.时间结构

园林生态系统的时间结构是指由于时间的变化而产生的园林生态系统的结构变化。园林生态系统的时间结构主要表现为以下两种形式。

（1）季相变化

季相变化是指园林生物群落的结构和外貌随季节的更迭依次出现的改变。例如，在北京有些地方组成以白皮松、毛白杨、元宝枫、榆叶梅、羊胡子苔草为主的人工园林植物群落。春季可以观赏榆叶梅的娇艳花朵，入夏可以看到羊胡子苔草的新穗形成的一片褐黄色浮于绿色叶丛之上，入秋可以观赏到元宝枫的红叶景观，冬季则可以看到常绿树白皮松的挺拔壮观景色，以及美丽的雪景。植物的物候期现象是园林植物群落季相变化的基础。不同的季节会有不同的植物景观出现，人们可以春季品花、夏季赏叶、秋季看果、冬季观枝干等。设计园林植物的配置方式时，应充分利用这一规律，做到四季都有重点景观。随着人类对园林人工环境的控制及园林新技术的开发应用，园林生态系统的季相变化将更加丰富多彩。

（2）长期变化

长期变化是指园林生态系统随着时间的推移而产生的结构变化，这是在大的时间尺度上园林生态系统表现出来的时间结构。这种变化表现为园林生态系统经过一定时间的自然交替变化，如各种植物，特别是各种高大乔木经过自然生长所表现出来的外部形态变化等，或由于各种外界干扰使园林生态系统所发生的自然变化。此外，人类干预也能导致园林生态系统的长期变化，如通过园林的长期规划所形成的预定结构表现，它是在人工管理和人为培育过程中实现的。

4.营养结构

园林生态系统的营养结构是指园林生态系统中的各种生物在完成其生活史的过程中通过取食形成的特殊营养关系，即通过食物链把生物与非生物、生产者与消费者、消费者与分解者连成一个有序整体。园林生态系统是典型的人工生态系统，其营养结构也由于人为干预而变得简单，在城市环境中表现得尤为明显。例如，地面的枯枝落叶、植物残体被及时清理导致园林微生物群落衰减，进而影响土壤肥力，迫使人类投入更多的物质和能量来维持系统的正常运转。按生态学原理，增加园林植物群落的复杂性，为各种园林动物和园林微生物提供生存空间，既可以减少管理投入，维持系统的良性运转，又可以营造自然氛围，为当今远离自然的人们，特别是城市居民提供享受自然的空间，为人类保持身心的生态平衡奠定基础。园林生态系统的营养结构有如下特点：

1）食物链上各营养级的生物成员在一定程度上受人类需求的影响。在造园时，人们按照改善生态环境、提供休闲娱乐及保护生物多样性等目的种植园林的主体植物，系统中的其他植物则是从自然生态系统中继承下来的。与此相衔接，食物链上的动物或微生物必然受到人类的干预。此外，为了保证园林植物的健康成长，人类不得不采取措施来控制园林生态系统中的虫、鼠、草等有害生物，以避免其对园林生物存活及生长发育造成有害的影响。同时，鸟类等有益生物则受到人类的保护，从而得以生存和发展。园林生态系统的这种生物存在状况决定了其食物链上各营养级的生物成员在一定程度上受人类需求的影响。

2）食物链上各生物成员的生长发育受到人为控制。自然生态系统食物链上的生物主要是适应自然规律，进行适者生存的进化。园林生态系统中各营养级的生物成员，则在适应自然规律的同时还要在人类干预的情况下完成其生活史，实现系统的各种功能，表现各种形态和生理特性。特别是园林的主体植物，其生长发育过程受到人为的控制和管理，从种子苗木选育、营养生长到生殖生长都受到人类的干预，从而使食物链上其他生物成员的生长发育也直接或间接地受到人为控制。

3）园林生态系统的营养结构简单，食物链简短而且种类较少。自然生态系统的生物种类较多，其食物网较复杂，进而使系统内的物质、能量转换效率高，系统稳定性好。园林生态系统由于受到人为干预，生物种类大大减少，营养结构趋于简单，食物链简短，系统抗干扰能力及稳定性较差，在很大程度上依赖于人为的干预和控制。为了提高园林生态系统的稳定性和抗逆性，人类不得不增加投入和管理，如灌水、施肥、使用化学农药和植物生长调节剂等以维持系统的稳定和正常运行。

5.层次结构

园林生态系统具有明显的层次结构，多个低层次的功能单元结合构成较高层次的功能性整体时，会产生在低层次中没有的新特征，这种现象就是新生特性现象或新生特性原则。园林生态系统既有其本身对局部环境重要作用的功能表现，又具有在更高层次的城市、区域层次上保证其整个系统良性循环的作用。由于每个组织层次都具有同样的重要性，每个层次都有它本身特有的新生特性，因此，对园林生态系统的认识和研究要从不同层次来考虑，这样既能保证园林生态系统本身作用的发挥，又能促进整个大环境作用的发挥。

有关学者将生态系统的层次性结构称为层级系统理论，该理论认为客观世界的结构是有层次性的。层级系统是按照系统各要素特点、联系方式、功能共性、尺度大小以及能量变化范围等多方面特点划分的等级体系。一般可分为11个层级，即全球（生物圈）、区域（生物群系）、景观、生态系统、群落、种群、个体、组织、细胞、基因、分子。

生态系统的层级系统具有结构和功能的双重性。结构上的层级是重要而明显的，其纵向可构成垂直层级系统；横向的同一层级可构成平行并列系统；纵横交叉的网络系统又可构成各种立式交叉的组织等。层级系统理论认为，生态系统具有非平衡的兼容性，即低层级过程可被高层级的行为所包含，通过兼容，小尺度层级被大尺度层级所融合，但并不存在绝对的部分和整体，通常可以在不同的时空尺度上分解为相对离散的结构或功能单元。通过兼容，小尺度上的非平衡性或空间与时间上的异质性可以转化为大尺度上的平衡性和均质性。在这种等级的转化过程中系统的复杂性增加。

二、园林生态系统的功能

园林生态系统通过由生物与生物、生物与环境所构成的有序结构，把环境中的能量、物质、信息分别进行转换、交换和传递，在这种转换、交换和传递过程中形成了生生不息的系统活力、强大有序的系统功能与独具特色的系统服务。

（一）园林生态系统的基础功能

1. 能量流动

生态系统中的绿色植物通过光合作用，将太阳能转化为自身的化学能。固定在植物有机体内的化学能再沿着食物链，从一个营养级传到另一个营养级，实现能量在生态系统内的转换，维持着生态系统的稳定和发展。园林生态系统中的能量流动，除了遵循生态系统能量流动的一般规律外，由于有大量人工辅助能的投入，可以极大地强化能量的转化速率和生物体贮存能量的能力。园林生态系统由于受到人类不同程度的干预，是一种人工或半人工的生态系统。其能量流动过程不同于自然生态系统，既具有自然生态系统的特征，又具有其自身的独特特征。

（1）园林生态系统的能量来源

园林生态系统的能量，一方面来自太阳辐射能，是园林生态系统的主要能量来源；另一方面来自各种辅助能。辅助能指除太阳辐射能外，任何进入园林生态系统的其他形式的能量。辅助能通常可分为自然辅助能和人工辅助能两种类型。自然辅助能是指在自然过程中产生的太阳辐射能以外的其他形式的能量；人工辅助能是指人们在从事生产活动过程中有意识投入的各种形式的能量，目的是改善生产条件，提高生产力，如灌溉、施肥、病虫害防治、育种等，包括生物辅助能和工业辅助能两类。生物辅助能指来自于生物有机物的能，如劳力、种苗、有机肥等，也称有机能；工业辅助能又称为无机能或化石能，如化肥、农药、生长调节剂、机具等。人工辅助能在园林生态系统中所占的比重相对较大，且有明显的趋势。辅助能不能直接被园林生态系统中的生物转化为化学潜能，但能促进辐射能的转化，对园林生态系统中生物的生存、光合产物的形成、物质循环等有很大的辅助作用。

（2）园林生态系统能量的流动渠道

1）草牧食物链。也称捕食食物链，是由园林植物开始，到草食动物，再到肉食动物这样一条以活的有机体为营养源的食物链，如草—蝗虫—百灵，草—兔子—狐狸。

2）腐食食物链。亦称残屑食物链，是指以死亡有机体或生物排泄物为能量来源，在微生物或原生动物的参与下，经腐烂、分解将其还原为无机物并从中取得能量的食物链类型。园林中的有机物质首先被腐食性小动物分解为有机质颗粒，再被真菌和放线菌等分解为简单有机物，最后被细菌分解为无机物质供植物吸收利用，如枯枝落叶—蚯蚓—腐败菌，植物残体—蚯蚓—线虫类—节肢动物。

3）寄生食物链。这是以活的动植物有机体为能量来源，以寄生方式生存的食物链，如黄鼠—跳蚤—细菌—噬菌体等在动植物体上的寄生都属于这一类型。

4）能量的暂时贮存。将动植物以天然或人为方式贮存的过程，如标本、石油、煤等。

5）人工控制途径。经过人工处理，能量按照人为的过程进行，但最终以热能的形式散失掉，如植物的移植，人为消除残、枯腐植物或无观赏价值的树木等。

在自然生态系统中，森林生态系统以腐生食物链为主，草原、淡水、海洋等生态系统以草牧食物链为主。园林生态系统以腐生食物链为主或以人工控制途径为主，具体以哪种为主，取决于具体的环境以及人们的管理措施等。

（3）园林生态系统的能量流动特点

园林生态系统由于受到人类不同程度的干扰，是一种人工或半人工的生态系统。其能量流动过程不同于自然生态系统，具体表现为以下特点：

1）园林生态系统的能量来源于太阳辐射能和辅助能两个方面。由于地形、地势、海拔、纬度、坡向等因素的影响，不同区域的太阳辐射能表现出一定的差异，这包括光质、光照强度和光照时间的不同。此外，由于不同地区社会、经济、技术条件的不同，向园林生态系统投入各种辅助能的数量和质量也不同。因此，园林生态系统的能量流动体现出明显的地域性差异。

2）园林生态系统能量流动途径不同于自然生态系统。园林生态系统中的园林动物和园林微生物作用相对较弱，园林植物贮存的能量不以为各种消费者提供能量为主要目的，而是以净化环境等各种生态效益以及供人们观赏、休闲等社会效益为目的。

3）园林生态系统表现为开放系统，必须施加人工投入才能维持系统的正常运转。园林生态系统的能量流动，不管是自然的食物链，还是人工控制的各种途径，都符合能量转化和守恒定律，即热力学第二定律。园林生态系统的植物、动物、微生物在能量转化过程中所固定的能量，由于人为的管理作用，必然不断地被输出系统。与此同时，为维持系统的正常运转，还需要投入大量的能量来补充，使系统的能量输入和输出保持动态平衡。从生态系统原理和园林生态系统的特点看，人为干预园林生态系统是必不可少的，但应尽量增加园林植物的种类及数量，为各种园林动物与园林微生物提供生存空间，以充分发挥园林动物与园林微生物在整个生态系统中的作用。这样，既可以减少园林管理者的能量投入，又可以促进园林生态系统自身调控机制和自然属性的发挥，增加系统的自然气息和活力，使人类更能亲近自然，享受自然。

2. 物质循环

物质在生态系统中起着双重作用，既是用以维持生命活动的物质基础，又是贮存化学能的载体。园林生态系统是一个物质实体，包含着许多生命所必需的无机物质和有机物质。园林生态系统的物质循环通常可包含三个层次：园林植物个体内养分的再分配、园林生态系统内部的物质循环和园林生态系统与其他生态系统之间的物质循环。

（1）园林植物个体内养分的再分配

园林植物的根吸收土壤中的水分和矿质元素，叶吸收空气中的 CO_2 等营养物质满足自身的生长发育需求，并将贮藏在植物体内的养分转移到需要的部位，就是园林植物个体内养分的再分配。例如，叶片在脱落前可将养分转移到植物体内贮存，以供生长发育所需。植物在其体内转移养分的种类及其数量取决于环境中的养分状况以及植物吸收的状况。一般在养分比较缺乏的区域，植物体内的养分再分配较为明显，需要通过养分在植物体的再分配来维持植物正常的生长发育。这也是植物保存养分的重要途径。植物体内养分的再分配在一定程度上缓解了养分的不足。有些植物在不良的环境条件下形成贮存养分的特化组织器官，但这不能从根本上解决养分的亏缺。因此，在园林生态系统中，要维护园林植物的正常生长发育，特别是在贫瘠的土壤环境中，要通过人为补充水分、矿物元素等物质来满足植物生长的需要。

（2）园林生态系统内部的物质循环

园林生态系统内部的物质循环是指在园林生态系统内，各种化学元素和化合物沿着特定的途径从环境到生物体，再从生物体到环境，不断地进行反复循环利用的过程。园林植物在生长发育的过程中，无论其地上部分还是地下部分，都要进行新陈代谢。如地下部分的代谢产物直接进入土壤中，为土壤微生物分解，变成简单物质后可为植物生长再吸收利用，即进入下一轮循环。动物在生长发育过程中，其排泄物或其死体直接留在系统内，被微生物分解，或为雨水冲刷进入土壤中，变成简单物质后可为植物生长再吸收利用，即进入下一轮循环。由于园林生态系统是人工生态系统，因而其系统内的物质循环扮演着次要的角色。园林生态系统内部的物质循环包括园林植物对养分的吸收、养分在园林植物体内的分配与存储、园林植物养分的损失，园林动物对营养的获取、营养在动物体内的分配与存储、园林动物养分的损失，园林微生物对动植物残体进行分解重新还原给园林生态环境的过程。人们为了保证园林的洁净，将枯枝落叶及动植物死体清除出系统外，客观上削弱了园林生态系统内部的物质循环。

（3）园林生态系统与其他生态系统之间的物质循环

园林生态系统是一个开放的生态系统，不断地从其他生态系统中获得营养物质，同时也在不断地向系统外输送营养物质。首先，表现为以气态的形式进行交换，也就是碳、氢、氧、氮、硫等以气态的形式输入输出园林生态系统。其次，是通过沉积循环的方式与外界生态系统进行物质交换。磷、钙、钾、钠、镁、铁、锰、碘、铜、硅等元素的循环都属于沉积循环。同时，园林生态系统是人工生态系统，要维持系统的正常运行，满足人类对园林的观赏和游逸需求，就必须从系统外输入大量的物质，以保证园林植物的生长、发育并保持植物个体或群落的样貌。因而，人工控制已成为园林生态系统物质循环的重要途径，包括各种营养物质的人工输入、苗木移植、动植物残体的人工处理、人为引进各种动物和微生物，等等。

3. 信息传递

信息传递是生态系统的基本功能之一，园林生态系统中的园林植物、动物、微生物以及人类相互之间不断地进行着信息传递以相互协调，保持园林生态系统稳定的发展趋势。园林生态系统是一种人工控制的生态系统，人类利用生物与生物、生物与环境之间的信息调节，使系统更协调、更和谐。同时，也可利用现代科学技术控制园林生态系统中的生物生长发育、改善环境状况，使系统向人类需要的方向发展。在园林生态系统中，园林植物是核心部分，与其他各成分有着广泛的联系，对园林植物本身的生长发育，对园林生态系统的协调与稳定，都有着重要的意义。

（1）光与植物间的信息传递

植物的光形态建成即依赖光控制细胞的分化、结构和功能的改变，以促成组织和器官的建成。在这个过程中，光只作为一种信息激发受体而不是以光合条件的身份出现的，主要表现在以下方面：①消除黄化现象。例如，在黑暗中生长的马铃薯或豌豆黄化的幼苗，在生长的过程中，每昼夜只需曝光 5 ~ 10min，便可使幼苗的形态转为正常。②控制某些种子萌发。例如，烟草种子，在萌发时必须有光信息，这些种子常称为"需光种子"。另外一些植物，如瓜类、茄子、番茄和苋菜的种子萌发，见光则受到抑制，这类种子称为"嫌光种子"。另外，光信息对同一种植物种子的萌发作用也会有二重性，既有促进作用，又有抑制作用。③影响植物的开花。在一些短日照植物中，可用红光和远红光的交互闪烁处理打破暗期。实验表明：短日照植物的开花取决于最后的光波信号，如果最后的光波信号是远红光，则开花；反之，则不开花。

作为信息的光与光合作用中的光是有本质区别的。在量上，它比光合作用所需的量要少得多。有资料表明，许多植物光形态建成所需红闪光的能量与一般光合作用补偿点的能量相差 10 个数量级。在质上，信息光波长为 0.28 ~ 0.8mm，超出了可见光范围；在机理作用上，信息光仅启动植物发生分化方式的转换而不参与光合作用。

（2）植物与植物间的信息传递

Molisch 提出化感作用的概念，又称为相生相克，指植物间的生物化学相互作用。这种相互作用既包括抑制作用，也包括促进作用。Rice 将化感作用定义为植物通过向周围环境中释放化学物质影响邻近植物生长发育的现象。植物群落的结构、演替、生物多样性等均与化感作用有关。有的植物喜欢"独居"，如豚草、莎草等常形成单一植物种群落，而将其他植物排除得干干净净；有的植物喜欢与其他植物"共居"，并且相互间有明显的促进作用，如玫瑰与百合。

植物通过挥发、根分泌、雨水淋溶和残体分解等途径释放化感作用物质，对其周围的植物生长产生抑制效应，如香桃木属、桉树属和臭椿属等释放的酚类化合物从叶面溢出进入土壤后，表现出对亚麻的抑制效果。

有些植物的化学分泌物对其他植物也会产生促进作用，如皂角和白蜡树、槭树和苹果、梨树和葡萄等，它们之间可通过化学分泌物相互促进。

（3）植物与微生物之间的信息传递

高等植物的化感物质主要通过水淋溶、根分泌、残体分解和气体挥发四种途径释放到周围环境中影响邻近植物的生长发育。水淋溶、根分泌和残体分解都要接触到土壤，土壤中大量微生物可从两个方向对植物分泌的化感物质起作用：①将原来的化感物质降解为没有化感活性的物质，如有的微生物将植物产生的酚类物质作为碳源而分解；②将没有活性的物质转化为有化感活性的物质。

土壤微生物本身产生很多对植物有影响的物质，如抗生素、酚酸、脂肪酸、氨基酸等。Mishm 等测定了 796 个放线菌菌株对植物生长的影响，结果发现 30% 的菌株对植物的生长有抑制作用，20% 的菌株对藻类生长有促进作用，后又从土壤中分离的 906 个菌株中发现有 72 个菌株的代谢产物抑制独行菜的种子发芽。Friedman 等在分析黄杉林地与附近的裸地土壤中的放线菌时发现，裸地中的放线菌密度是林地的 2 倍，而且能产生抑制种子发芽代谢物质的放线菌的比例要高得多，裸地中放线菌产生的毒素是林地的 5 倍。

（4）植物与动物之间的信息传递

植物终生位置的固定性似乎决定了植物只能在原地等待昆虫与其他植食动物的侵袭和吞食，然而事实上植物并不是软弱无能、处于完全被动受害地位的，而是通过形态、生理生化等各个方面采取了多种行之有效的方式来保护自己。在考察生态系统植物与动物间的信息联系时不难发现，植物作为信息源，对植食动物发出了种种防卫信息。

有的植物在进化过程中长出各种棘刺和皮刺等机械防御手段，如蓟属植物的茎和叶上有许多刺，植食动物要取食这类植物便似嚼咽带刺的钢丝，这些棘刺成了不可食的信息，使食草动物望而生畏，不敢碰它；还有许多植物覆盖有多种细毛，有些带钩和倒刺的毛状体能刺伤昆虫，有些毛状体往往是植物化学防御的一部分。例如，报春属植物叶片上的毛状腺分泌的刺激性化学物质能使那些植食动物感到发痒或疼痛，从而起到防御的效果。

植物的次生代谢物常具有一定的色、香、味等，这构成了植物和动物间生化交互作用的化学信号。例如，苦味是个重要信息，可对许多植食动物引起拒食作用，但对有些植食动物却又是引诱的信号。

植物每一种次生物质都有其特定的作用，能产生特定的信号，成为植物与昆虫间交互作用的纽带。例如，金雀花中信号物质鹰爪豆碱是种有毒物质，其含量随植物生活周期而变化。金雀花蚜就以它为信息，春季以嫩枝汁液为食，夏季则转移到花芽和果荚。另外，同样结构的化合物可以是植物和昆虫、植食动物和哺乳动物间多方位、多层次的多种信号。这样的信息联系大大增加了生态系统信息传递的多样性和复杂性。

植物花的形态、色泽、味道等是植物与授粉动物之间重要的信息。生物学家们曾对 2680 种花的色泽进行统计，结果表明白花最多，黑色花最少。一朵花生成某种颜色，往往与能感觉到这种颜色信号的昆虫有关。例如，蜜蜂、黄蜂和丸花蜂偏爱粉红色、紫色和蓝色；蝇类和甲虫喜欢暗黄色花朵；蝴蝶识别红色的本领最高。因此，在热带、亚热带，开大红花的植物种类较多。

植物不仅靠蝴蝶，也靠鸟类中的蜂鸟、太阳鸟等传播花粉。充分了解植物与其周围环境、植物与植物、植物与其他生物之间的信息联系，能更好地为园林植物的生长发育提供技术支持，并能保持园林生态系统的健康与和谐。

（二）园林生态系统的服务功能

园林生态系统作为一种生态系统，既具有生态系统总体的服务功能，又具有其本身独特的服务功能。具体内容至少体现为以下几点。

1. 净化空气和调节气候

园林生态系统对环境的净化作用主要表现在对大气环境的净化作用以及对土壤环境的净化作用。园林生态系统对大气环境的净化作用主要表现在维持碳氧平衡、吸收有害气体、滞尘效应、减菌效应、负离子效应等方面。园林植物在生长过程中，通过叶面蒸腾，把水蒸气释放到大气中，增加了空气湿度、云量和降雨。园林植物还可以平衡温度，使局部小气候不至于出现极端类型。园林植物群落可以降低小区域范围内的风速，形成相对稳定的空气环境，或在无风的天气下形成局部微风，缓解空气污染，改善空气质量。园林生态系统对土壤环境的净化作用主要表现在园林植物的存在对土壤自然特性的维持，以保证土壤本身的自净能力；园林植物对土壤中各种污染物的吸收，也起到了净化土壤的效果。

2. 生物多样性的维护

生物多样性是指从分子到景观各种层次生命形态的集合，是生态系统生产和生态系统服务的基础和源泉，通常包括生态系统、物种和遗传多样性三个层次。园林生态系统可以营建各种类型的绿地组合，不仅丰富了园林空间的类型，而且增加了生物多样性。园林生态系统中各种植物类型的引进，一方面，可以增加系统的物种多样性；另一方面，又可保存丰富的遗传信息，避免自然生态系统因环境变动，特别是人为的干扰而导致物种灭绝，起到了类似迁地保护的作用。

3. 维持土壤自然特性的功能

土壤是一个国家财富的重要组成部分。在人类历史上，肥沃的土壤养育了早期文明，有的古代文明因土壤生产力的丧失而衰落。有关资料表明，世界已有约30%的土地因人类活动的影响而退化。通过合理地营建园林生态系统，可使土壤的自然特性得以保持，并能进一步促进土壤的发育，保持并改善土壤的养分、水分、微生物等状况，从而维持土壤的功能，保持生物界的活力。

4. 减缓自然灾害

结构复杂、功能良好的园林生态系统可以减轻各种自然灾害对环境的冲击，减缓灾害的深度蔓延，如干旱、洪涝、沙尘暴、水土流失、台风等。各种园林树木对以空气为介质传播的生物流行性疾病、放射性物质、电磁辐射等有明显的抑制作用。

5. 休闲娱乐功能

园林生态系统可以满足人们日常的休闲娱乐、锻炼身体、观赏美景、领略自然风光的需求。洁净的空气、和谐的草木万物，有助于人的身心健康，使人的性格和理性智慧得以充分发展。

6. 精神文化的源泉及教育功能

各地独有的自然生态环境及人为环境塑造了当地人们的特定行为习惯和性格特征，同时决定了当地人们的生产生活方式，孕育了各具特色的地方文化。园林生态系统在供人们休闲娱乐的同时，还可以使人学习到自然科学及文化知识，提高人们的知识素养。人们在对自然环境的欣赏、观摩和探索中，得到许多只可意会而难以言传的启迪和智慧。多种多样的园林生态系统的生物群落中充满自然美的艺术和无限的科学规律，是人们学习的大课堂，为人们提供了丰富的学习内容。园林生态系统丰富的景观要素及生物的多样性，为环境教育与公众教育提供了机会和场所。

三、园林生态系统的建设与调控

（一）园林生态系统的建设

园林是自然景观与人文景观融为一体的特殊地域，已成为衡量城市现代经济水平和文明程度的标准。因此，以科学理论为指导，建设生态园林成为园林建设的热点。园林生态系统的建设是以生态学原理为指导，利用绿色植物特有的生态功能和景观功能，创造出既能改善环境质量又能满足人们生理和心理需要的近自然景观。在大量栽种乔、灌、草等绿色植物，发挥其生态功能的前提下，根据环境的自然特性、气候、土壤、建筑物等景观的要求进行植物的生态配置和群落结构设计，达到生态学上的科学性、功能上的综合性、布局上的艺术性和风格上的地方性，同时要考虑人力、物力和财力的投入量。因此，园林生态系统的建设必须兼顾环境效应、美学价值、社会需求和经济合理的需求，确定园林生态系统的目标以及实现这些目标的步骤等。

1. 园林生态系统建设的原则

园林生态系统是一个半自然生态系统或人工生态系统，在其营建过程中必须从生态学的角度出发，遵循以下生态学原则，建立起满足人们需求的园林生态系统。

（1）整体性与连续性原则

在一定的区域中，包括不同的行政单元，在地理、经济、环境等方面是一个相互联系的整体，任何局部的变化都会对其他区域产生影响。区域景观规划必须注重整体效益，尤其是在具有多种景观特征的区域和区域总体景观规划中，不能强调某一元素的单一效益或局部地区的利益，进而进行条块分割，切断区域内景观的有机联系，致使景观破碎化，影响区域生态系统正常的生态功能和整体的生态服务价值，不利于社会和经济的可持续发展。只有将园林生态系统建设为一个统一的整体，才能保证其稳定性，增强园林生态系统对外界干扰的抵抗力，进而大大减少维护费用。

（2）格局和过程统一的原则

区域现有的景观特征是格局和过程相互作用的结果。园林生态景观建设主要是对区域景观格局的营建、调整和恢复，但必须考虑相应的生态过程。通常过程是目标，而格局是载体或手段，两者不可分割。在区域旅游发展中，除了考虑产业效益、游客体验以外，还要考虑区域相应建设对整体生物多样性保护的影响。

（3）自然优先和生态文明的原则

生态文明的新理念是可持续发展的深层哲学基础，它继承了我国自古以来"天人合一"的思想，主张人与自然和谐共处，共同推动世界的发展。人类改变直接获取物质的开发利用方式，而以享受生态系统服务为主，同时保护自然，向自然投资，使自然资本增值。在处理人与自然的关系上，倡导自然优先原则，确保自然生态服务功能持续、有效发展。通过区域生态景观、人居环境以及生态旅游等的建设和发展，带动周围区域的生态文明建设，是超越本区域的重要功能之一。

（4）动态的和渐进的原则

目前，科学技术的发展日新月异，同时随着国际社会、经济、科技、文化的交融和发展，人们对区域规划理论的理解不断加深，对园林生态环境建设的要求也会不断提高，而生态系统自身，包括景观水平上的格局也在不断地演化。因此，任何一项规划都不可能是一贯而下的，描绘出区域发展的终极蓝图，必然是一个与人类社会的发展水平相适应的渐进的动态过程。

2. 园林生态系统建设的步骤

园林作为一种综合的艺术形式，其价值也是多方面的。首先，它是人们休憩游览的重要形式。无论古今，无论是否具备园林知识和文化修养，只要走进园林，人们都能够直接感受到园林的外在之美，这是园林生态系统建设的重要功能。其次，园林不仅带来山水生物之美，也是文化、艺术，有形的山水、建筑、花草与人文艺术精神的相互融合，最大限度地满足了人与自然和谐相处的愿望，是园林生态系统建设过程中要考虑的目标之一。园林生态系统的建设一般可按照以下几个步骤进行。

（1）园林环境的生态调查

园林环境的生态调查是园林生态系统建设的重要内容之一，是关系到园林生态系统建设成败的前提，特别是在环境条件比较特殊的区域，如城市中心、地形复杂、土壤质量较差的区域等，往往会限制园林植物的生存。因此，科学地对预建设的园林环境进行生态调查，对建立健康的园林生态系统具有重要的意义。

1）地形与土壤调查。地形条件的差异往往影响其他环境因子，充分了解园林环境的地形条件，如海拔、坡向、坡度、地形状况、周边影响因子等，对植物类型的设计以及整体的规划具有重要意义。土壤调查包括土壤厚度、结构、水分、酸碱性、有机质含量等方面，特别是在土壤比较贫瘠的区域，或酸碱性差别较大的土壤类型更应详细调查。在城市地区，要注意土壤堆垫土的调查，对于是否需要土壤改良、如何进行改良，要拿出合适的方案。

2）小气候调查。特殊小气候一般由局部地形或建筑等因素所形成，城市中较常见。要对其温度、湿度、风速、风向、日照状况、污染状况等进行详细调查，以确保园林植物的成活、成林、成景。

3）人工设施状况调查。对预建设的园林环境范围内，已经建设的或将要建设的各种人工设施进行调查，了解其对园林生态系统造成的影响，如各种地上、地下管网系统的走向、类别、埋藏深度、安全距离等，在具体施工过程中要严格按照规章制度进行，避免导致各种不必要的事件或事故的发生。

（2）园林植物种类的选择与群落设计

1）园林植物的选择。园林植物的选择应根据当地的具体状况，因地制宜地选择各种适生的植物。一般要以当地的乡土植物种类为主，并在此基础上适当增加各种引种驯化的种类，特别是已在本地经过长期种植，取得较好效果的植物品种或类型。同时，要考虑各种植物之间的相互关系，保证选择的植物不至于出现相克现象。当然，为营造健康的园林生态系统，还要考虑园林动物与微生物的生存，选择一些当地小动物比较喜欢栖息的植物或营造其喜欢栖居的植物群落。

2）园林植物群落的设计。园林植物群落的设计首先要强调群落的结构、功能和生态学特性相互结合，保证园林植物群落的合理性和健康性。同时要注意与当地环境特点和功能需求相适应，突出园林植物群落对特殊区域的服务功能。例如，工厂周围的园林植物群落要以改善和净化环境为主，应选择耐粗放管理、抗污吸污、滞尘、防噪的树种、草皮等；而在居住区范围内应根据居住区内建筑密度高、可绿化面积有限、土质和自然条件差以及接触人多等特点选择易生长、耐旱、耐湿、树冠大、枝叶茂密、易于管理的乡土植物构成群落，同时还要避免选用有刺、有毒、有刺激性的植物。

（3）种植与养护

园林植物的种植方法可简单分为大树搬迁、苗木移植和直接播种三种类型。大树搬迁一般是在一些特殊环境下为满足特殊的要求而进行的，该种方法虽能起到立竿见影的效果，满足人们及时欣赏的需求，但绿化费用较高，技术要求高且风险较大，从整体角度来看，效果不甚显著，通常情况不宜采用；苗木移植在园林绿化中应用最广，该方法能在较短的时间内形成景观，且苗木抗性较强，生长较快，费用适中；直接播种是在待绿化的地面上直接播种，其优点是可以为各种树木种子提供随机选择生境的机会，一旦出苗就能很快扎根，形成合适根系，可较好地适应当地生境条件，且施工简单，费用低，但成活率较低，生长期长，难以迅速形成景观，因此在粗放式管理特别是大面积绿化区域使用较多。养护是维持园林景观不断发挥各种效益的基础。园林景观的养护包括适时浇灌、适时修剪、补充更新、防治病虫害等各方面。

（二）园林生态系统的调控，

1.园林生态系统的平衡与失调

（1）园林生态系统的平衡

园林生态系统平衡是指系统在一定时空范围内，在其自然发展过程中或在人工控制下，系统内各组成成分的结构和功能处于相互适应和协调的动态平衡。园林生态系统平衡通常表现为以下三种状态：

1）相对稳定状态。相对稳定状态主要表现为各种园林植物与动物的比例和数量相对稳定，物质与能量的输入和输出相当。生态系统内各种生产者在缓慢地生长过程中保持系统的相对稳定，各种复杂的园林植物群落，如各种植物园、树木园、风景区等基本上属于这种类型。

2）动态稳定状态。动态稳定状态是指系统内的生物量或个体数量，随着环境的变化、消费者数量的增减或人为干扰过程会围绕环境容纳量上下波动，但变动范围一般在生态系统阈值范围内。因此，系统常通过自我调控处于稳定状态。粗放管理的、简单类型的园林绿地多属于这种类型。

3）"非平衡"的稳定状态。"非平衡"的稳定状态是指系统的不稳定是绝对的，平衡是相对的，特别是在结构比较简单、功能较小的园林绿地，物质的输入和输出不仅不相等，甚至不围绕一个饱和量上下波动，而是输入大于输出，积累大于消费。要维持其平衡必须不断地通过人为干扰或控制外加能量维持其稳定状态。例如，各种草坪以及具有特殊造型的园林绿地多属于该类型，必须进行适当修剪管理才能维持其景观；否则，其稳定性就会被打破。

园林生态系统是一个开放的生态系统，它是不断运动和变化的，可以通过自身内部的调控机制维持平衡，也可以通过外界的干扰保持平衡。在系统内，物质的输入和输出始终在进行，局部或小范围的破坏或扰动可通过系统的整体调控机制进行调控和补偿，局部的变动或不平衡并不影响整体的平衡。

（2）园林生态系统的失调

如果干扰超过园林生态系统的生态阈值和人工辅助的范围，就会导致园林生态系统本身自我调控能力下降甚至丧失，最后导致生态系统退化或崩溃，即园林生态系统失调。造成园林生态系统失调的因素很多，主要包括自然因素和人为因素。

1）自然因素。如地震、台风、干旱、水灾、泥石流、大面积的病虫害等都会对园林生态系统构成威胁，导致生态系统失调。系统内部各生物成分的不合理配置，如生物群落的恶性竞争，也会导致生态系统的失调。自然因素的破坏具有偶发性、短暂性，如果不是毁灭性的侵袭，通过人工保护，再加上后天精细的管理补偿，能够很好地维持平衡。

2）人为因素。人们对园林生态系统的恶意干扰是导致系统失调的另一重要原因。如城市建筑物大面积侵占园林用地，任意改变园林植物的种类配置，盲目引进外来未经栽培试验的植物种类，在园林植物群落内随意倾倒垃圾、污水等行为，为获得某种收益而扒树皮、摘树叶、砍大树、挖树根、捕获树体内昆虫等都会造成园林生态系统失调。

2. 园林生态系统的调控

园林生态系统的调控是以生态学原理为基础，利用绿色植物特有的生态和景观功能，创造出既能改善环境质量又能满足人们生理和心理需要的自然景观。在大量栽植乔、灌、草等绿色植物，发挥其生态功能的前提下，根据环境的自然特性、气候、土壤、建筑物等景观要素的要求进行植物的生态配置和群落结构设计，达到生态学上的科学性、功能上的综合性、布局上的艺术性和风格上的独特性，同时，还要考虑人力、物力的投入量。因此，园林生态系统的建设必须兼顾环境效应、美学价值、社会需求和合理的经济需求，明确园林生态系统的目标以及实现这些目标的步骤等。

园林生态环境系统运行以人为主体，具有主动性、积极性。从生态学的观点来看，园林是一个人、物、空间融为一体，生产、生活相辅相成的新陈代谢体。其基本特点是由相互联系的各部分组成，具有系统性、有机性、决策性。它以人为中心，以人的根本利益为目的，能自我调节，有再生和决策能力，与周围环境协同进化，是生长和运动着的有机体系。园林生态系统调控就是根据自然生态系统高效、和谐原理去调控园林生态环境的物质、能量流动，使之平衡、协调。

（1）园林生态系统调控的生态学原理

园林生态系统调控是根据自然生态系统的高效和谐原理，即靠共生、竞争、自然选择来自我调控各种生态关系，达到系统整体功能最优，同时通过规划、法规、制度、管理来人为控制。

1）生态系统食物链结构原理。只有将园林生态系统中的各条"食物链"接成环，使物质在系统内循环利用，减少废物的排放，尽可能将废物处理后再利用，在园林系统废物和资源之间、内部和外部之间搭起桥梁，才能提高园林的资源利用效率，改善园林生态环境。

2）共生协同进化原理。共生指不同种的有机体或子系统合作、共存、互惠互利的现象。共生带来有序，生态效益随之增高；共生的结果使所有共生者都大大节约了原材料、能量和运输量，系统获得多重效益。因此，要提高园林生态系统的经济效益就要建立共生关系，发展多种经营，可用园林生态规划的方法，通过调整关系，解决系统关系不合理的问题，实现系统和谐的目标。

3）因地制宜，占领生态位原理。要尽可能抓住一切可以利用的机会，占领一切可利用的生态位，包括生物、非生物（理化）环境、社会环境的选择。要有灵活机动的战略战术，善于利用现有的力量与能量去控制和引导系统。善于将系统内外一切可以利用的力量和能量转到可利用的方向。

4）整体优化和最适功能原理。园林生态系统是一个自组织系统，其演替目标在于整体功能的完善，而不是其组分的增长。要求一切组织增长必须服从整体功能的需要，其产品的功效或服务目的是第一位的。随着环境变化，管理部门应及时调整产品的数量、品质和价格，以适应系统的发展。

5）最小风险定律。在长期生态演替过程中，只有生存在与限制因子上、下限相距最远的生态位中的那些物种，生存机会才大。因此，现存物种是与环境关系最融洽、世代风险最小的物种。限制因子理论告诉我们，任何一种生态因子在数量与质量上的不足和过多都会对生态系统的功能造成损害。园林提高了人类的生活品质，但是这一人工生态系统也为人类的生产与生活的进一步发展带来了风险。要使经济可持续发展、生活品质稳步上升，园林生态系统也应采取自然生态系统的最小风险对策，调整人类活动，使其处于与上、下限风险值相距最远的位置，进而使风险最小、园林系统长远发展的机会最大。

（2）园林生态系统的调控原则

园林生态系统是一个半自然生态系统或人工生态系统，在其调控过程中，必须从生态学的角度出发，遵循以下生态学原则，建立起满足人们需要的园林生态系统。

1）森林群落优先建设原则。由于森林能较好地协调各种植物之间的关系，最大限度地利用当地的各种自然资源，是结构最为合理、功能健全、稳定性强的复层群落结构，是改善环境的主力军；同时，建设和维持森林群落的费用也较低，因此，在调控园林生态系统时应优先建立森林。乔木高度在 5m 以上，树冠覆盖度在 30% 以上的类型为森林。如果特定的环境不是建设森林或不能建设森林，也应适当发展结构相对复杂、功能相对强的森林型植物群落。

2）地带性原则。每一个气候带都有其独特的植物群落类型，如高温高湿地区的热带典型地带性植被是热带雨林，四季分明的湿润温带典型地带性植被是落叶阔叶林，气候寒冷的寒温带则是针叶林。园林生态系统的调控要与当地的植物群落类型相一致，才能最大限度地适应当地的环境，保障园林植物群落调控成功。

3）充分利用生态演替理论。生态演替是指一个群落被另一个群落所取代的过程。在自然状态下，如果没有人为干扰，演替次序为杂草—多年生草本或小灌木—乔木，最后达到"顶极群落"。生态演替可以达到顶极群落，也可以停留在演替的某一个阶段。园林工作者应充分利用这种理论，使群落的自然演替与人工控制相结合，在相对小的范围内形成多种多样的植物景观，既能丰富群落类型，满足人们对不同景观的观赏需求，又可为各种园林动物、微生物提供栖息地，增加生物种类。

4）保护生物多样性原则。保护园林生态系统中生物的多样性，就是对原有环境中的物种加以保护，不要按统一格式更换物种或环境类型。另外，应积极引进物种，并使其与环境之间、各生物之间相互协调，形成一个稳定的园林生态系统。当然，在引进物种时要避免盲目性，以防生物入侵对园林生态系统造成不良影响。

5）整体功能原则。园林生态系统的调控必须以整体功能为中心，发挥整体效应，各种园林小地块的作用相对较弱，只有将各种小地块连成网络，才能发挥更大的生态效应。另外，将园林生态系统建设成为一个统一的整体，保证其稳定性，并增强园林生态系统对外界干扰的抵抗能力，进而大大减少维护费用。

（3）园林生态系统的调控技术

园林生态系统是一个开放的人工生态系统，与其他人工生态系统一样，也是由生物与其生存的环境组成的相互作用或有潜在相互作用的统一体。在组成系统的诸元素中，有些是人为可以控制的可控因子，如生物组分和环境质量组分中的水分和养分。而气候在目前的技术条件下无法直接进行人为控制，属于非可控因子，但通过一些适当措施，可以营造一个相对适宜的健康的生态系统。通过物理、化学和生物措施等的应用来调控园林生态系统，建立起光、热、水、气、土壤和各种生物的生态平衡，使经济、生态和社会三大效益相统一。但是人工调控必须根据生态学原理来进行，才能既满足目前需要，又能促进园林生态系统的良性发展。

1）个体调控。园林生态系统的个体调控是指对生物个体，特别是对植物个体的生理及遗传特性进行调控，以增加其环境适应性，提高其对环境资源的转化效率，主要表现在新品种的选育上。我国植物资源丰富，通过选种不但可以大大增加园林植物的种类，而且可以获得具有各种不同优良发育的植物个体，经直接栽培、嫁接、组培或基因重组等手段产生优良新品种，使之既具有较高的生产能力和观赏价值，又具有良好的适应性和抗逆性。同时，从国外引进各种优良植物资源，也是营建稳定健康的园林植物群落的物质基础。但应注意，对于各种新物种的引进，包括通过转基因等技术获得的新物种，一定要谨慎使用，以防止其演变为入侵物种，对园林生态系统造成冲击而导致生态失调。

2）群体调控。园林生态系统的群体调控是指调节园林生态系统中个体与个体之间、种群与种群之间的关系。充分了解园林植物之间的关系，特别是园林植物之间、园林植物与园林环境之间的相互关系，在特定环境条件下进行合理的植物生态配置，形成稳定、高效、健康、结构复杂、功能协调的园林生物群落，是进行园林生态系统调控的重要内容。园林生态系统群体调控的具体措施主要包括：①密度调节，如调节园林系统中植物的种植密度等；②前后搭配调节，如林木的更新；③群体种类组成调节，如立体种植、动物混养、混交林营造等；④对系统的生物组分进行调控。它主要包括两个方面：利用肥料、生长调节剂、生物菌肥等对园林植物生长的调节；利用除草剂、杀虫剂、杀菌剂、园林益虫等对草害、病虫害的调控。

3）环境调控。环境调控就是利用有关技术措施改善生物的生态环境，从而达到调控的目的。它包括对土壤、气候、水分、有利和有害物种等因素的调节，其主要目的是改变不利的环境条件，或者削弱不良环境因子对生物种群的危害程度。具体表现为运用物理、化学和生物等方法改良生物生存的环境条件；通过各种自然或人工措施调节气候环境；通过增大水域面积，喷灌、滴灌等方法直接改善生物生存环境的水分状况。

4）适当的人工管理。园林生态系统是在人为干扰较频繁环境下的生态系统，人们对生态系统的各种负面影响必须通过适当的人工管理来加以补偿。当然，有些地段特别是城市中心区环境相对恶劣，对园林生态系统的适当管理更是维持园林生态平衡的基础。而在园林生物群落相对复杂、结构稳定时可适当减少管理的投入，通过其自身的调控机制来维持平衡。

5）大力宣传与普及生态意识。加强法制教育，依法保护生态，大力宣传，提高公众的生态意识，是维持园林生态平衡乃至全球生态平衡的重要基础。要加强生态环境宣传教育，树立牢固的环境意识和环境法制观念，为保护环境与资源、维持生态平衡作贡献；参与监督、管理、保护环境的公众活动；积极开展以《中华人民共和国环境保护法》为主的各类宣传教育活动，让人们认识到园林生态系统对人们生活质量、人类健康的重要性，从我做起，爱护环境，保护环境。另外，在工业生产中推广不排污或少排污的工艺，推行废水、废气、废渣的回收利用；在园林植物的管护时推广节水、节肥、节农药以及生物防治病虫害等技术；积极调整能源结构，积极运用太阳能、风能等"洁净"能源，并在此基础上主动建设园林生态系统，真正维持园林生态系统的平衡。

6）系统结构调控。利用综合技术与管理措施，协调不同种群的关系，合理组装成新的复合群体，使系统各组分间的结构与功能更加协调，系统的能量流动、物质循环更趋合理。从系统构成上讲，结构调控主要包括三个方面：①确定系统组成在数量上的最优比例；②确定系统组成在时间、空间上的最优联系方式，要求因地制宜、合理布局园林系统的配置；③确定系统组成在能流、物流、信息流上的最优联系方式，如物质能量的多级循环利用、生物之间的相生相克配置等。

7）设计与优化调控。随着系统论、控制论的发展和计算机应用的普及，系统分析和模拟已逐渐地应用到生态系统的设计与优化中，使人类对生态系统的调控由经验型转向定量化、最优化。

第二章　园林绿化组成要素的规划设计

第一节　园林地形规划设计

一、园林地形的形式

按地形的坡度不同分类，它可分为平地、台地和坡地。平地是指坡度介于1%—7%的地形；台地是由多个不同高差的平地联合组成的地形；坡地可分陡坡和缓坡两种。

（一）地形的形态

1. 平坦地形

平坦地形是园林中坡度比较平缓的用地，坡度介于1%—7%。平坦地形在视觉上空旷、宽阔，视线遥远，景物不被遮挡，具有强烈的视觉连续性。平坦地面能与水平造型互相协调，使其很自然地同外部环境相吻合，并与地面垂直造型形成强烈的对比，使景物突出。平坦地形可作为集散广场、交通广场、草地、建筑等用地，以接纳和疏散人群，组织各种活动或供游人游览和休憩。

2. 凸地形

凸地形具有一定的凸起感和立体感，凸地形的形式有土丘、丘陵、山峦以及小山峰。凸地形具有构成风景、组织空间、丰富园林景观的功能，尤其在丰富景点视线方面起着重要的作用，因凸地形比周围环境的地势高，视线开阔，具有延伸性，空间呈发散状。它一方面可组织成为观景之地，另一方面因地形高处的景物最突出、明显，能产生对某物或某人更强的尊崇感，又可成为造景之地。

3. 凹地形

凹地形也被称为碗状洼地。凹地形是景观中的基础空间，适宜于多种活动的进行，当其与凸地形相连接时，可完善地形布局。凹地形是一个具有内向性和不受外界干扰的空间，给人一种分割感、封闭感和私密感。凹地形还有一个潜在的功能，就是充当一个永久性的湖泊、水池或者蓄水池。凹地形在调节气候方面也有重要作用，它可躲避掉过空间上部的狂风；当阳光直接照射到其斜坡上时，可使地形内的温度升高。因此，凹地形与同一地区内的其他地形相比更暖和，风沙更少，更具宜人的小气候。

4. 山脊

山脊总体上呈线状，与凸地形相比较，其形状更紧凑、更集中。山脊可以说是更"深化"的凸地形。

山脊可限定空间边缘，调节其坡上和周围环境中的小气候。在景观中，山脊可被用来转换视线在一系列空间中的位置或将视线引向某一特殊焦点。山脊还可充当分隔物，作为一个空间的边缘，山脊犹如一道墙体将各个空间或谷地分隔开来，使人感到有"此处"和"彼处"之分。从排水角度来说，山脊的作用就像一个"分水岭"，降落在山脊两侧的雨水，将各自流到不同的排水区域。

5. 谷地

谷地综合了凹地形和山脊地形的特点。与凹地形相似，谷地在景观中也是一个低地，是景观中的基础空间，适合安排多种项目和内容。它与山脊相似，也呈线状，具有方向性。

（二）园林地形与生态

生态是指生物的生活状态，指生物在一定的自然环境下生存和发展的状态以及它们之间和它与环境之间环环相扣的关系。现代城市园林和传统园林相比，现代园林更注重生态景观和生态学理论的应用与推广。与在传统园林中的运用相比，生态理论在现代城市公园生态景观中的运用更为积极和深入。地形设计把生态学原理放在首位，在生态科学的前提下确定景观特征。地形是植物和野生动物在花园中生存的最重要的基础。它不仅是创造不同空间的有效方式，而且可以通过不同的形状和高度创造不同的栖息地。不断变化的地形为丰富植物种类和数量提供了更多的空间，也为昆虫、鸟类和小型哺乳动物等野生动物提供了栖息地。

（三）园林地形与美学

现代园林地形的种类更加丰富，地形的使用也日益普遍。我们在日常生活、学习和工作中，经常接触到各种各样的地形。它们所具有的地形的基本特性是不会改变的。每一个地形都利用点、线、面的组合显示出大量的地理信息及地形特色。

1. 直接表现

一个线条光滑、美观秀丽的优美地形，让人赏心悦目，得到美的享受。具有时代感的优秀山水地形作品，让人信服，得到心理满足。地形可以直接代表外在形式的艺术美感，也可以间接地反映出科学美内在的逻辑意蕴，更能体现理性更深的美；艺术美与科学美的内在联系和外在联系，使园林的地形上蕴含着美的内涵。具有艺术感染力的地形美是客观存在的。运用独特的地形技术，可以正确地反映我国悠久的历史和灿烂的文化。

2.间接表现

园林地形必须具有严密的科学性、可靠的实用性、精美的艺术性。这是表现园林地形美的 3 个主要方面：①科学性。科学性是地形科学美的基本要求。它体现于设计地形的数学基础（确保精度）、特定的栽植植物和特殊的堆砌方法，主要体现在地形的所需可靠，实施科学的综合概括，从尽可能少和简单的理念出发，规律性地描述园林地形单个对象及其整体。②实用性。实用性是地形美的实质，主要表现在地形内容的完备性和适应性两方面。③艺术性。艺术性是地形艺术美所在，主要体现在地形具有协调性、层次性和清晰性三方面。协调性是指地形总体构图平衡、对称，各要素之间能配合协调、相互衬托，地形空间显得和谐；层次性是指园林地形结构合理，有层次感，主体要素突出于第一层视觉平面上，其他要素置于第二或第三视觉层面上；清晰性是指地形有适宜的承载量，地形所承载的植物、构筑、水面等配比合适，各元素之间搭配正确合理，内容明快实在，贴近自然，使人走入园林有一种美的体验。

（四）地形塑造

1.技术准备

熟悉施工图纸，熟悉施工地块内土层的土质情况。了解地形整理地块的土质及周边的地质等情况。在具体的测量放样时，可以根据施工图的要求，做好控制桩并做好保护。编制施工方案，提出土方造型的操作方法，提出需用施工机具、劳动力等。

2.人员准备

组织并配备土方工程施工所需各专业技术人员、管理人员和工人；组织安排作业班次；制定较完善的技术岗位责任制和技术、质量安全管理网络；建立技术责任制和质量保证体系。

3.设备准备

做好设备调配，对进场挖土、推土、造型、运输车辆及各种辅助设备进行维修检查、试运转并运至使用地点就位。对拟采用的土方工程新机具，组织力量进行研制和试验。

4.施工现场准备

土方施工条件复杂，施工受到地质、气候和周边环境的影响很大，所以要把握好施工区域内的地下障碍物，核查施工现场地下障碍物数据，确认可能影响地下管线的施工质量，并排除施工的其他障碍。全面估算施工中可能出现的不利因素，并提出各种相应的预防措施和应急措施，包括临时水、电、照明和排水系统以及铺设路面的施工。在原建筑物附近的挖填作业中，一方面，要考虑原建筑物是否有外力作用，从而造成损伤，根据施工单位提供的准确位置图，测量人员进行方位测量，挖开地面，并将隐藏的物体清除；另一方面，进行基层处理，由建设单位自检，施工或监理单位验收。在整个施工现场，首先要排除水，根据施工图的布设、精确定位标准的设置，进行开挖和成桩施工。在地形整理工程施工前，必须完成各种报关手续和各种证照。

再好的地形设计，只有经过测绘施工等生产过程中各生产作业人员的认真工作，才能得以实现，这就要求各工序的生产者具有高度的责任心和专业理论知识，具有正确的审美观和较高的修养，要能自觉地、主动地根据自然规律进行创造性的与卓有成效的生产作业。如此，经过大家的共同努力，才能出精品园林景观，让园林景观展现出大自然的魅力，以满足人们及社会的需要。

二、园林地形的功能与作用

（一）地形的基础和骨架作用

地形是构成园林景观的骨架，是园林中所有景观元素与设施的载体，它为园林中其他景观要素提供了赖以存在的基面，是其他园林要素的设计基础和骨架，也是其他要素的基底和衬托。地形可被当作布局和视觉要素来使用，地形有许多潜在的视觉特性。在园林设计中，要根据不同的地形特征，合理安排其他景物，保障地形起到较好的基础作用。

（二）地形的空间作用

地形因素直接制约着园林空间的形成。地形可构成不同形状、不同特点的园林空间。地形可以分隔、创造和限制外部空间。

（三）改善小气候的作用

地形可影响园林某区域的光照、温度、风速和湿度等。园林地形的起伏变化能改善植物的种植条件，能提供阴、阳、缓、陡等多样性的环境。利用地形的自然排水功能，提供干湿不同的环境，使园林中出现宜人的气候以及良好的观赏环境。

（四）园林地形的景观作用

作为造园要素中的底界面，地形具有背景角色。例如，平坦地形上的园林建筑、小品道路、树木、草坪等一个个景物，地形则是每个景物的底面背景。同时，园林凹凸地形可作为景物的背景，形成景物和作为背景的地形之间有很好的构图关系。另外，地形能控制视线，能在景观中将视线导向某一特定点，影响某一固定点的可视景物和可见范围，形成连续观赏或景观序列，通过对地形的改造和组合，可产生不同的视觉效果。

（五）影响旅游线路和速度

地形可被用在外部环境中，影响行人和车辆运行的方向、速度和节奏。在园林设计中，可根据地形的高低变化、坡度的陡缓以及道路的宽窄、曲直变化等来影响和控制游人的游览线路及速度。

三、园林地形处理的原则

（一）因地制宜原则

园林地形的设计，首先要考虑对原有地形利用，以充分利用为主，改造为辅，要因地制宜，尽量减少土方量。建园时，最好达到园内的土方量填挖平衡，节省劳力和建设投资。但是，对有碍园林功能和园林景观的地形要大胆改造。

1. 满足园林性质和功能的要求

园林绿地的类型不同，其性质和功能就不一样，对园林地形的要求也就不尽相同。城市中的公园、小游园、滨湖景观、绿化带、居住区绿地等对园林地形要求相对要高一些，可进行适当处理，以满足使用和造景方面的要求。郊区的自然风景区、森林公园、工厂绿地等对地形的要求相对低，可因势就形稍做整理，侧重于对地形的利用。

游人在园林内进行各种游憩活动，对园林空间环境有一定的要求。因此，在进行地形设计时要尽可能为游人创造出各种游憩活动所需的不同的地貌环境。例如，游憩活动、团体集会等需要平坦地形；进行水上活动时需要较大的水面；登山运动需要山地地形；各类活动综合在一起，需要不同的地形分割空间。利用地形分割空间时，常需要有山岭坡地。园林绿地内地形的状况与容纳的游人流量有密切的关系，平地容纳的人多，山地及水面则受到限制。

2. 满足园林景观要求

不同的园林形式或景观对地形的要求是不一样的。自然式园林要求地形起伏多变，规则式园林则需要开阔平坦的地形。要构成开放的园林空间，需要有大片的平地或水面。幽深景观需要有峰回路转层次多的山林。大型广场需要平地，自然式草坪需要微起伏的地形。

3. 符合园林工程的要求

园林地形的设计在满足使用和景观功能的同时，必须符合园林工程的要求。当地形比较复杂时，地形处理应根据科学的原则，山体的高度、土坡的倾斜面、水岸坡度的合理稳定性、平坦地形的排水问题、开挖水体的深度与河床的坡度关系、园林建筑设置的基础以及桥址的基础等都要以科学为基础，以免发生如陆地内涝、水面泛滥与枯竭、岸坡崩坍等工程事故。

4. 符合园林植物的种植要求

地形处理还应与植物的生长习性、生长要求相一致，使植物的种植环境符合生态地形的要求。对保存的古树名木要尽量保持它们原有地形的标高，且不要破坏它们的生态环境。总之，在园林地形的设计中，要充分考虑园林植物的生长环境，尽量创造出适宜园林植物生长的环境。

（二）园林地形的造景设计

1. 平坦地形的设计

平坦地形可用于开展各种活动，最适宜做建筑用地，也可做道路、广场、苗圃、草坪等用地，可组织各种文体活动，供游人游览休息，接纳和疏散人群，形成开朗景观，还可做疏林草地或高尔夫球场。①地形设计时，应同时考虑园林景观和地表水的排放，要求平坦地形有3%-5%的坡度。②在有山水的园林中，山水交界处应有一定面积的平坦地形，作为过渡地带，临山的一边应以渐变的坡度和山体相接，近水的一旁以缓慢的坡度，慢慢伸入水中，造成冲积平原的景观。③在平坦地形上造景可结合挖地堆山或用植物分隔、设置障景等手法处理，以打破平地的单调乏味，防止景观一览无余。

2. 坡地地形的设计

布置道路建筑一般不受约束，可不设置台阶，可开辟园林水景，水体与等高线平行，不宜布置溪流。①中坡地在地形设计中，可灵活多变地利用地形的变化来进行景观设计，使地形既相分割又相联系，成为一体。在起伏较大的地形的上部可布置假山，塑造成上部突出的悬崖式陡崖，布置道路时需设梯步，建筑最好分层设置，不宜布置建筑群，也不适宜布置湖、池，而宜设置溪流。②陡坡地视野开阔，但在设计时需布置较陡的梯步。在坡地处理中，忌将地形处理成馒头形。要充分利用自然、师法自然，利用原有植被和表土，在满足排水、适宜植物生长等使用功能的情况下进行地形改造。

3. 山地地形的设计

山地是坡度大于50%的地形，在园林地形的处理中，一般不做地形改造，不宜布置建筑；可布置蹬道、攀梯。

4. 假山设计与布局

假山又称掇山、迭山、叠山，包括假山和置石两个部分。假山是人工创作的山体，是以造景游览为主要目的，充分结合其他多方面的功能作用，以灰、土、石等为材料，以自然山水为蓝本并加以艺术的提炼，人工再造的山水景物的通称。置石是以山石为材料做独立性或附属性的造景布置，主要表现山石的个体美或局部的组合，而不具备完整的山形。我国的园林以风景为骨干的山水园著称，有山就有高低起伏的地势。假山可作为景观的主题以点缀空间，也可起分隔空间和遮挡视线的作用，能调节游人的视点，形成仰视、平视、俯视的景观，丰富园林艺术内容。山石可以堆叠成各种形式的蹬道，这是古典园林中富有情趣的一种创造方式，山石也可用作水体的驳岸。

第一，假山的分类。假山按构成材料可分为土山、石山和土石山三类。①土山是全部以土为材料创作的山体。要有30°的安息角，不能堆得太高、太陡。②石山是全部以石为材料创作的山体。这类山体多变，形态有的峥嵘，有的妩媚，有的玲珑，有的顽拙。③土石山：土包石，以土为主，石占30%左右；石包土，以石为主，土占30%左右。假山按堆叠的形式分类，可分为仿云式、仿抽雕、仿山式、仿生式等。

第二，假山的布局与造型设计。假山可以是群山，也可以是独山。在山石的设计中，要将较大的一面向阳，以利于栽植树木或安排主景，尤其是临水的一面应该是山的阳面。山石可与植物、水体、建筑、道路等要素相结合，自成山石小景。假山大体上可分为两大类别：一是写意假山。写意假山是以某种真山的意境创作而成的山体，是取真山的山姿山容、气势风韵，经过艺术概括、提炼，再现在园林里，以小山之形传大山之神，给人一种亲切感，富有丰富的想象。例如，扬州个园的假山，用笋石（白果峰）配以翠竹以刻画春季景观；用湖石配以玉兰、梧桐以刻画夏季景观；用黄石配以松柏、枫树衬托秋季景观；用宣石配以蜡梅、天竺葵衬托冬季景观。四季假山各具特色，表达出"春山淡冶而如笑，夏山苍翠而如滴，秋山明净而如妆，冬山惨淡而如睡"和"春山宜游，夏山宜看，秋山宜登，冬山宜居"的诗情画意。二是象形假山。象形假山是模仿自然界物体的形体、形态而堆叠起来的景观。自然界的山形形色色，自然界的石头种类也繁多，用于造园常见的有湖石、黄石、宣石以及灵璧石、虎皮石等种类。每种石头都有它自己的石质、石色、石纹、石理，各有不同的形体轮廓。不同形态和质地的石头也有不同的性格。就造园来说，湖石的形体玲珑剔透，用它堆叠假山，情思绵绵。黄石则棱角分明，质地浑厚刚毅，用它堆叠假山，棱角嵯峨，峰峦起伏，给人的感觉是朴实苍润。因此，要分峰用石，避免混杂。假山的设计与布局应注意以下四个方面的问题：①满足功能要求。②明确山体朝向和位置。③假山不宜太高，高度通常 10 ~ 30m 即可。④假山的设计根据山水画法，做到师法自然。

5. 置石

第一，特置。也称孤置、单置，即一块假山石独立成景，是山石的特写处理。特置要求山石体量大、轮廓线突出、体姿奇特、山石色彩突出。特置常作为入口的对景、障景、庭园和小院的主景，道路、河流、曲廊拐弯处的对景。特置山石布置时，要相石立意，注意山石体量与环境相协调。

第二，散置。散置又称"散点"，即多块山石散漫放置，以石之组合衬托环境取胜。这种布置方式可增加某地段的自然属性，常用于园林两侧、廊间、粉墙前、山坡上、桥头、路边等或点缀建筑或装点角隅。散置要有聚散、断续、主次、高低、曲折等变化之分，要有聚有散，有断有续，主次分明，高低参差，前后错落，左右呼应，层次丰富，有立有卧，有大有小，仿佛山岩余脉或山间巨石散落或风化后残余的岩石。

第三，群置。群置即"大散点"，是将多块山石成群布置，作为一个群体来表现。布置时，要疏密有致，高低不一。置石的堆放地相对较多，群置在布局中要遵循石之大小不等、石之高低不等、石之间距远近不等的原则。

第四，对置。对置是沿中轴线两侧做对称位置的山石布置。布置时，要左右呼应、一大一小。在园林设计中，置石不宜过多，多则会失去生机；不宜过少，太少又会失去野趣。设计时，注意石不可杂、纹不可乱、块不可均、缝不可多。

叠山、置石和山石的各种造景，必须统一考虑安全、护坡、登高、隔离等各种功能需求。游人进出的假山，其结构必须稳固，应有采光、通风、排水的措施，并应保证通行安全。叠石必须保持本身的整体性和稳定性。山石衔接以及悬挑、假山的山石之间、叠石与其他建筑设施相接部分的结构必须牢固，确保人员安全。

第二节　园林水体规划设计

水是园林设计中重要的组成部分，是所有景观元素中最具吸引力的一类要素。我国古代的园林设计，通常用山水树石、亭榭桥廊等巧妙地组成优美的园林空间，将我国的名山大川、湖泊溪流、海港龙潭等自然奇景浓缩于园林设计之中，形成山清水秀、泉甘鱼跃、林茂花好、四季有景的"山水园"格调，使之成为一幅美丽的山水画。

大自然中的水，有静水和动水之分。静态的水，面平如镜，清风掠过水面，碧波粼粼，给人以宁静之感。皓月当空时，月印潭心，为人们提供优美的夜景。还有波澜不惊、锦鳞游泳的各类湖泊，与树林、石桥、建筑、山石彼此辉映，相得益彰；又有幽静、深邃的峡谷深潭，使人联想起多少美丽动人的传说。动态的水，通常给人以活泼、奋发、奔放、洒脱、豪放的感觉。例如，山涧小溪，清泉沿滩泛漫而下，赤足戏水，逆流而上，有轻松、愉快、柔和之感；又如，水从两山或峡谷之间穿过形成的涧流，由于水受两山约束，水流湍急，左避右撞，形成波涛汹涌、浪花翻滚的景观，给人以紧迫、负重之感；再如，水流从高山悬崖处急速直下，犹如布帛悬挂空中，形成瀑布，有的高大好似天上落下的银河，有的宽广宛如一面洁白如练的水墙，瀑底急流飞溅，涛声震天，使人惊心动魄，叹为观止。

一、园林景观水体规划的现状

中国园林素有"有山皆是园，无水不成景"之称，由此可见水对于景观的重要性。可是，现在的水景现状却令人担忧。城市中随处可见的大喷泉却静静地躺在水里而不喷水，到处是被污染的河流、小溪，还有那笔直、高深的蓄洪大坝，更不用说那些早已干涸的水池了。这是一种很普遍的水景现象，也是一种很可悲的水景现象，发人深省。人固然有着亲水的本性，而设计师们也在努力满足人们的这种需求，这本身是件好事，可是结果却是令人失望的。在水资源紧缺的华北、西北一些城市，近年来出现大造城市景观水之风。有的城市"拦河筑坝"，把河水"圈"在城内；有的城市耗巨资"挖地造湖"，人为制造水域景观。在水资源日益缺乏的今天，如何去营造宜人的水景，如何去满足人们亲水的这种需求，成为摆在设计师面前一个十分重要的问题。

（一）水体的特征

水之所以成为造园者以及观赏者都喜爱的景观要素，除了水是大自然中普遍存在的景象外，还与水本身具有的特征分不开。

1. 水具有独特的质感

水本身是无色透明的液体，具有其他园林要素无法比拟的质感。主要表现在水的"柔"性。古代有以水比德、以水述情的描写，即所谓的"柔情似水"。水独特的质感还表现在水的洁净，水清澈见底而无丝毫的躲藏。在世间万物中，只有水具有本质的澄净，并能洗涤万物。水之清澈、水之洁净，给人以无尽的想象。

2. 水有丰富的形式

水在常温下是一种液体，本身并无固定的形状，其观赏的效果决定于盛水物体的形状、水质和周围的环境。

水的各种形状、水姿都与盛水的容器相关。盛水的容器设计好了，所要达到的水姿就出来了。当然，这也与水本身的质地有关，各种水体用途不同，对水质要求也不尽相同。

3. 水具有多变的状态

水因重力和受外界的影响，常呈现出四种不同的动静状态。一是平静的湖水，安详、朴实；二是因重力影响呈现流动；三是因压力向上喷涌，水花四溅；四是因重力下跌。水也会因气候的变化呈现多变的状态，水体可塑的状态，与水体的动静两宜都给人以遐想。

4. 水具有自然的音响

运动着的水，无论是流动、跌落、喷涌还是撞击，都会发出各自的音响。水还可与其他要素联合发出自然的音响。

5. 水具有虚涵的意境

水具有透明而虚涵的特性。表面清澈，呈现倒影，能带给人亦真亦幻的迷人境界，体现出"天光云影共徘徊"的意境。总之，水具有其他园林要素无可比拟的审美特性。在园林设计中，通过对景物的恰当安排，充分体现水体的特征，充分发挥水体的魅力，给园林更深的感染力。

（二）园林水体的布局形式

1. 规则式水体

规则式水体包括规则不对称式水体和规则对称式水体。此类水体的外形轮廓是有规律的直线或曲线闭合而形成的几何形，大多采用圆形、方形、矩形、椭圆形、梅花形、半圆形或其他组合类型，线条轮廓简单，有整齐式的驳岸，常以喷泉作为水景主题，并多以水池的形式出现。

规则式水体多采用静水形式，水位较为稳定，变化不大，其面积可大可小，池岸离水面较近，配合其他景物，可形成较好的水中倒影。

2. 自然式水体

自然式水体的外形轮廓由无规律的曲线组成。在园林中，自然式水体主要是对原水体进行的改造或者进行人工再造而形成的，是通过对自然界中存在的各种水体形式进行高度概括、提炼、缩拟，用艺术形式表现出来的。

自然式水体大致总结为两种类型：拟自然式水体和流线型水体。拟自然式水体有溪、涧、河流、人工湖、池塘、潭、瀑布、泉等；流线型水体是指构成水体的外形轮廓自然流畅，具有一定的运动感。自然式水体多采用动水的形式形成流动、跌落、喷涌等各种水体形态，水位可固定也可变化，结合各种水岸处理能形成各种不同的水体景观。自然式水体的驳岸为各种自然曲线的倾斜坡度，且多为自然山石驳岸。

3. 混合式水体

混合式水体是规则式水体与自然式水体有机结合的一种水体类型，富于变化，具有比规则式水体更灵活自由，又比自然式水体易于与建筑空间环境相协调的优点。

（三）水体对园林环境的作用

1. 水体的基底作用

大面积的水体视域开阔、坦荡，有托浮岸畔和水中景观的基底作用。当进行大面积的水体景观营造时，要利用大水面的视线开阔之处，利用水面的基底作用，在水面的陆地上充分营造其他非水体景观，并使之倒影在水中。而且要将水中的倒影与景物本身作为一个整体进行设计，综合造景，充分利用水面的基底作用。

2. 水体的系带作用

在园林中，利用线型的水体将不同的园林空间景点连接起来，形成一定的风景序列或者利用线型水体将散落的景点统一起来，充分发挥水体的纽带作用来创建不同的水体景观。

3. 水体的焦点作用

部分水体所创造的景观能形成一定的视线焦点。动态水景如喷泉、跌水、水帘、水墙、壁泉等，其水的流动形态和声响均能吸引游人的注意力。设计时，要充分发挥此类水景的焦点作用，形成园林中的局部小景或主景。用作焦点的水景，在设计中除处理好水景的比例和尺度外，还要考虑水景的布置地点。

（四）水体造景的手法与要求

水景的设计是景观设计的难点。首先，它需要根据园林的不同性质、功能和要求，结合水体周围的其他园林要素，如水体周围的温度、光线等自然因素会直接影响水体景观的观赏效果。其次，是综合考虑工程技术、景观的需要等确定园林中水体采用何种布局手法，确定水体的大小等，创造不同的水体景观。因此，水景的设计通常是一个园林设计成败的关键之一。水景的设计主要是水质和水形的设计。

1. 水质

水域风景区的水质要根据《地表水环境质量标准》安排不同的活动。水体设计中对水质有较高的要求，如游泳池、戏水池，必须以沉淀、过滤、净化措施或过滤循环方式保持水质或定期更换水体。绝大部分的喷泉和水上世界的水景设计，必须构筑防水层，与外界进行隔断。要对水体采取相应的保护措施，保证水量充足，达到景观设计要求。同时，要注意水的回收再利用，非接触性娱乐用水与接触性娱乐用水对水质的要求有所不同。

2. 水形

水形是水在园林中的应用和设计。根据水的类型及在园林中的应用，水形可分为点式水景、线式水景和面式水景三种形式。

（1）点式水体设计

点式水体主要有喷泉和壁泉。喷泉又名喷水，是利用泉水向外喷射而供观赏的重要水景，常与水池、雕塑同时设计，起装饰和点缀园景的作用。喷泉的类型有地泉、涌泉、山泉、间歇泉、音乐喷泉、光控、声控喷泉等。喷泉的形式也有很多，主要有喷水式溢水式、溅水式等。

喷泉无维度感，要在空间中标志一定的位置，必须向上喷涌呈竖向线性的特点。一是要因地制宜，根据现场地形结构，仿照天然水景制作而成，如壁泉、涌泉、雾泉、管流、溪流、瀑布、水帘、跌水、水涛、漩涡等。二是完全依赖喷泉设备人工造景。这类水景近年来在建筑领域广泛应用，发展速度很快，种类繁多，有音乐喷泉、声控喷泉、摆动喷泉、跑动喷泉、光亮喷泉、游乐喷泉、超高喷泉、激光水幕电影等。

喷泉设置的地点，宜在人流集中处。一般把它安置在主轴线或透视线上，如建筑物前方或公共建筑物前庭中心、广场中央、主干道交叉口、出入口、正副轴线的交点上、花坛组群等园林艺术的构图中心，常与花坛、雕塑组合成景。

壁泉严格来说也是喷泉的一种，壁泉一般设置于建筑物或墙垣的壁面，有时设置于水池驳岸或挡土墙上。壁泉由墙壁、喷水口、承水盘和贮水池等几部分组成。墙壁一般为平面墙，也可内凹做成壁龛形状。喷水口多用大理石或金属材料雕成龙头、狮子等动物形象，泉水由动物口中吐出喷到承水盘中然后由水盘溢入贮水池内。墙垣上装置壁泉，可破除墙面平淡单调的气氛，因此它具备装饰墙面的功能。在造园构图上常把壁泉设置在透视线、轴线或者园路的端点，故又具备刹住轴线冲力和引导游人前进的功能。

（2）线式水体

线式水体有表示方向和引导的作用，有联系统一和隔离划分空间的功能。沿着线性水体安排的活动可以形成序列性的水景空间。

溪、涧和河流都属于流水。在自然界中，水源自源头集水而下，到平地时，流淌向前，形成溪、涧及河流水景。溪，浅而阔。溪涧的水面狭窄而细长，水因势而流，不受拘束。水口的处理应使水声悦耳动听，使人犹如置身于真山真水之间。溪涧设计时，源头应进行隐蔽处理。

溪、涧、河流、飞瀑、水帘、深潭的独立运用或相互组合，巧妙地运用山体，建造岗、峦、洞、壑，以大自然中的自然山水景观为蓝本，采取置石、筑山、叠景等手法，将从山上流下的清泉建成蜿蜒流淌的小溪或建成浪花飞溅的涧流等，如苏州的虎跑泉等。在平面设计上，应蜿蜒曲折、有分有合、有收有放，构成大小不同的水面或宽窄各异的河流。在立面设计上，随地形变化形成不同高差的跌水。同时应注意，河流在纵深方面上的藏与露。

瀑布是由水的落差产生的，属于动水。瀑布在园林中虽用得不多，但它的特点鲜明，既充分利用了高差变化，又使水产生动态之势。例如，把石山叠高，下挖成潭，水自高往下倾泻，击石四溅，俨如千尺飞流，震撼人心，令人流连忘返。

瀑布由五个部分构成：上游水流、落水口、瀑身、受水潭、下游泄水。瀑布按形态不同，可分为直落式、叠落式、散落式、水帘式、喷射式；按瀑布的大小，可分为宽瀑、细瀑、高瀑、短瀑、涧瀑等。人工创造的瀑布，景观是模拟自然界中的瀑布，应按照园林中的地形情况和造景的需要，创造不同的瀑布景观。

跌水有规则式跌水和自然式跌水之分。所谓规则式，就是跌水边缘为直线或曲线且相互平行，高度错落有致使跌水规则有序。而自然跌水则不必一定要平行整齐，如泉水从山体自上而下三叠而落，连成一体。

（3）面式水体

面式水体主要体现静态水的形态特征，如湖、池、沼、井等。面式水体常采用自然式布局，沿岸因境设景，可在适当位置种植水生植物。

湖属于静水，在园林中可利用湖获取倒影，扩展空间。在湖体的设计中，主要是湖体的轮廓设计以及通过岛、桥、矶、礁等来分隔而形成的水体景观。

园林中常以天然湖泊作为面式水体，尤其是在皇家园林中，此水景有一望千顷、海阔天空之气派，构成了大型园林的宏旷水景。而私家园林或小型园林中的水体面积较小，其形状可方、可圆、可直、可曲，常以近观为主，不可过分分隔，故给人的感觉古朴野趣。

园林中的水池面积可大可小，形状可方可圆，水池除本身外形轮廓的设计外，与环境的有机结合也是水池设计的重点。

潭景一般与峭壁相连，水面不大，深浅不一。大自然之潭周围峭壁嶙峋，俯瞰气势险峻，好似万丈深渊。庭园中潭之创作，岸边宜叠石，不宜披土。光线处理宜荫蔽浓郁，不宜阳光灿烂。水位标高宜低下，不宜涨满。水面集中而空间狭隘是渊潭的创作要点。

滩的特点是水浅而与岸高差很小。滩景可结合洲、矶、岸等，潇洒自如，极富自然。

岛一般是指突出水面的小土丘，属块状岸型。常用的设计手法是岛外水面萦回，折桥相引；岛心立亭，四面配以花木景石，形成庭园水局之中心，游人临岛眺望，可遍览周围景色。该岸型与洲渚相似，但体积较小，造型也很灵巧。

堤是指以堤分隔水面，属带形岸型。在大型园林中，如杭州西湖苏堤，既是园林水局中之堤景，又是诱导眺望远景的游览路线，在庭园里用小堤做景的，多做庭内空间的分割，以增添庭景之情趣。

矶是指突出水面的湖石。属点状岸型，一般临岸矶多与水栽景相配或有远景因借。位于池中的矶，常暗藏喷水龙头，自湖中央溅喷成景，也有用矶做水上亭榭之衬景的。

随着现代园林艺术的发展，水景的塑造手法越来越多，它活跃了园林空间，丰富了园林内涵，美化了园林的景致。正是理水手法的多元化，才表达出了园林中水体景观的无穷魅力。

（五）水体设计的驳岸处理

水体设计必须建造驳岸，并根据园林总体设计中规定的平面线形、竖向控制点、水位和流速进行设计。水体驳岸多以常水位为基础，岸顶距离常水位差不宜过大，应兼顾景观、安全与游人近水心理。设计时，应从功能需要出发，确定地形的竖向起伏。例如，划船码头宜平直，游览观赏宜曲折、蜿蜒、临水。还应防止水流冲刷驳岸工程设施。水深应根据原地形和功能要求而定，无栏杆的人工水池、河湖近岸的水深应为 0.5 ~ 1m，汀步附近的水深应为 0.3 ~ 0.6m。驳岸的处理主要有以下两种形式。

1. 素土驳岸

岸顶至水底坡度小于 100% 的，应采用植被覆盖；坡度大于 100% 的，应有固土和防冲刷的技术措施。地表径流的排放及驳岸水下部分处理应符合相关标准和要求。

2. 人工砌筑或混凝土浇筑的驳岸

应符合相关规定和要求，如寒冷地区的驳岸基础应设置在冰冻线以下，并考虑水体及驳岸外侧土体结冻后产生的冻胀对驳岸的影响，需要采取的管理措施在设计文件中注明。驳岸地基基础设计应符合《建筑地基基础设计规范》（GBJ7）的规定。采取工程措施加固驳岸，其外形和所用材料的质地、色彩均应与环境协调。

二、园林水景观的设计原则

（一）整体优化原则

景观是一系列生态系统组成的、具有一定结构与功能的整体。在水生植物景观设计时，应把景观作为一个整体单位来思考和管理。除了水面种植水生植物外，还要注重水池、湖塘岸边耐湿乔灌木的配置。尤其要注意落叶树种的栽植，尽量减少水边植物的代谢产物，以达到整体最佳状态，实现优化利用。

（二）多样性原则

景观多样性是描述生态镶嵌式结构的拼块的复杂性、多样性。自然环境的差异会促成植物种类的多样性而实现景观的多样性。景观的多样性还包括垂直空间环境差异而形成的景观镶嵌的复杂程度。这种多样性，通常通过不同生物学特性的植物配置来实现。还可通过多种风格的水景园、专类园的营造来实现。

（三）景观个性原则

每个景观都具有与其他景观不同的个性特征，即不同的景观具有不同的结构与功能，这是地域分异客观规律的要求。根据不同的立地条件、不同的周边环境，选用适宜的水生植物，结合瀑布、叠水、喷泉以及游鱼、水鸟、涉禽等动态景观将会呈现各具特色又丰富多彩的水体景观。

（四）遗留地保护原则

遗留地保护原则即保护自然遗留地内的有价值的景观植物，尤其是富有地方特色或具有特定意义的植物，应当充分进行利用和保护。

（五）综合性原则

景观是自然与文化生活系统的载体，景观生态规划需要运用多学科知识，综合多种因素，满足人类各方面的需求。水生植物景观不仅要具有观赏和美化环境的功能，而且其丰富的种类和用途还可作为科学普及、增长知识的活教材。

三、依水景观的设计

依水景观是园林水景设计中的一个重要组成部分，由于水的特殊性，决定了依水景观的异样性。在探讨依水景观的审美特征时，要充分把握水的特性以及水与依水景观之间的关系。利用水体丰富的变化形式，可以形成各具特色的依水景观，园林小品中，亭、桥、榭、舫等都是依水景观中较好的表现形式。

（一）依水景观的设计形式

1. 水体建亭

水面开阔舒展，明朗流动，有的幽深宁静，有的碧波万顷，情趣各异。为突出不同的景观效果，一般在小水面建亭宜低邻水面，以细察涟漪。而在大水面，碧波坦荡，亭宜建在临水高台上，以观远山近水，舒展胸怀，各有其妙。

一般临水建亭，有一边临水、多边临水或完全伸入水中以及四周被水环绕等多种形式，在小岛上、湖心台基上、岸边石矶上都是临水建亭之所。在桥上建亭，更使水面景色锦上添花，并增加水面空间层次。

2. 水面设桥

桥是人类跨越山河天堑的技术创造，给人带来生活的进步与交通的方便，自然能引起人的美好联想，常有人间彩虹的美称。而在中国自然山水园林中，地形变化与水路相隔，非常需要桥来联系交通，沟通景区，组织游览路线。而且更以其造型优美、形式多样作为园林中重要造景建筑之一。因此，小桥流水成为中国园林及风景绘画的典型景色。在规划设计桥时，桥应与园林道路系统配合；联系游览路线与观景点；注意水面的划分与水路通行与通航，组织景区分隔与联系的关系。

3. 依水修榭

榭是园林中游憩建筑之一，建在水边，《园冶》上记载"榭者借也，借景而成者也，或水边，或花畔，制亦随态"，说明榭是一种借助于周围景色而见长的园林游憩建筑。其基本特点是临水，尤其着重于借取水面景色。在功能上除应满足游人休息的需要外，还有观景及点缀风景的作用。最常见的水榭形式是：在水边筑一平台，在平台周边以低栏杆围绕，在湖岸通向水面处做敞口，在平台上建起一单体建筑，建筑平面通常是长方形，建筑四面开敞通透或四面做落地长窗。

榭与水的结合方式有很多种。从平面上看，有一面临水、两面临水、三面临水以及四面临水等形式，四周临水者以桥与湖岸相连。从剖面上看平台形式，有的是实心土台，水流只在平台四周环绕；而有的平台下部是以石梁柱结构支撑，水流可流入部分建筑底部，甚至有的可让水流流入整个建筑底部，产生驾临碧波之上的效果。

（二）临水驳岸形式及其特征

园中水局之成败，除水型外，离不开相应岸型的规划和塑造，协调的岸型可使水局景更好地呈现出水在庭园中的作用和特色，把旷畅水面做得更为舒展。岸型属园林的范畴，多顺其自然。园林驳岸在园林水体边缘与陆地交界处，为稳定岸壁，保护河岸不被冲刷或水淹所设置的构筑物（保岸），必须结合所在景区园林艺术风格、地形地貌、地质条件、水面形成材料特性、种植设计以及施工方法、技术经济要求来选其建筑结构及其建筑结构形式。庭园水局的岸型亦多以模拟自然取胜，我国庭园中的岸型包括洲、岛、堤、矶、岸各类形式，不同水型，采取不同的岸型。总之必须极尽自然，以表达"虽由人作，宛若天开"的效果，统一于周围景色之中。

（三）水与动植物的关系

水是植物营养丰富的栖息地，它能滋养周围的植物、鱼和其他野生物。大多数水塘和水池可以饲养观赏鱼类，而较大的水池则是野禽的避风港。鱼类可以自由地生活在溪流和小河中，但溪水和小河更适合植物的生长。池塘中可以培养出茂盛且风格各异的植物，在小溪中精心培育的植物也可称之为真正的建筑艺术。

第三节　园林植物种植规划设计

园林植物指具有形体美或色彩美，适应当地气候和土壤条件，在园林景观中起到观赏、组景、庇荫、分隔空间、改善和保护环境及工程防护等效果的植物。植物是园林中有生命的要素，使园林充满生机和活力，植物也是园林组成要素中最重要的要素。园林植物的种植设计既要考虑植物本身生长发育的特点，又要考虑植物对环境的营造，也就是既要讲究科学性，又要讲究艺术性。

一、园林植物的功能作用

（一）园林植物的观赏作用

园林植物作为园林中一个必不可少的设计要素，本身也是一个独特的观赏对象。园林植物的树形、叶、花、干、根等都具有重要的观赏作用，园林植物的形、色、姿、味也有独特而丰富的景观作用。园林植物群体也是一个独具魅力的观赏对象。大片茂密的树林、平坦而开阔的草坪、成片鲜艳的花卉等都带给人们强烈的视觉体验。

园林植物种类丰富，按植物的生物学特性分类，有乔木、灌木、花卉、草坪植物等；按植物的观赏特征分类，有观形、观花、观叶、观果、观干、观根等类型。

（二）园林植物的造景作用

园林植物具有很强的造景作用，植物的四季景观，本身的形态、色彩、芳香、习性等都是园林造景的题材。①园林植物可单独作为主景进行造景，充分发挥园林植物的观赏作用。②园林植物可作为园林其他要素的背景，与其他园林要素形成鲜明的对比，突出主景。园林植物与地形、水体、建筑、山石、雕塑等有机配植，将形成优美、雅静的环境，具有很强的艺术效果。③利用园林植物引导视线，形成框景、漏景、夹景；利用园林植物分隔空间，增强空间感，达到组织空间的效果。④利用园林植物阻挡视线，形成障景。⑤利用园林植物加强建筑的装饰，柔化建筑生硬的线条。⑥利用园林植物创造一定的园林意境。在中国的传统文化中，就已赋予了植物一定的人格化。例如，"松、竹、梅"有"岁寒三友"之称，"梅、兰、竹、菊"有"四君子"之称。

二、园林植物种植设计的基本原则

（一）功能性原则

不同的园林绿地具有不同的性能和功能，园林植物的种植设计必须满足园林绿地性质和功能的要求，并与主题相符，与周围的环境相协调，形成统一的园林景观。例如，街道绿化主要解决街道的遮阴和组织交通问题，起到防止出现眩光以及美化市容的作用。因此，选择植物以及植物的种植形式要适应这一功能要求。在综合性公园的植物种植设计中，为游人提供各种不同的游憩活动空间，需要设置一定的大草坪等开阔空间，还要有遮阴的乔木，成片的灌木以及密林、疏林等。

园林中除了考虑植物要素外，自然界通常是动物、植物共生共荣构成的生物生态景观。在条件允许的情况下，动物景观的规划，如观鱼游、听鸟鸣、莺歌燕舞、鸟语花香等将为园林景观增色很多。

（二）科学性原则

先是要因地制宜，满足园林植物的生态需求，做到适地适树，使植物本身的生态习性与栽植点的生态条件统一。还要考虑植物配置效果的发展性和变动性，有合理的种植密度和搭配。合理设置植物的种植密度，应从长远考虑，根据成年树的树冠大小来确定植物的种植距离。要兼顾速生树与慢生树、常绿树与落叶树之间的比例，充分利用不同生态位植物对环境资源需求的差异，正确处理植物群落的组成和结构，重视生物多样性，以保证在一定的时间植物群落之间的稳定性，增强群落的自我调节能力，维护植物群落的平衡与稳定。

（三）艺术性原则

全面考虑植物在形、色、味、声上的效果，突出季相景观。园林植物配置要符合园林布局形式的要求，同时要合理设计园林植物的季相景观。除了考虑园林植物的现时景观，更要重视园林植物的季相变化及生长的景观效果。园林植物的季相景观变化，能体现园林的时令变化，表现出园林植物特有的艺术效果。例如，春季山花烂漫；夏季荷花映日、石榴花开；秋季硕果满园，层林尽染；冬季梅花傲雪等。首先，要处理好不同季相植物之间的搭配，做到四季有景可赏。其次，要充分发挥园林植物的观赏特性，注意不同园林植物形态、色彩、香味、姿态及植物群体景观的合理搭配，形成多姿多彩、层次丰富的植物景观。处理好植物与山、水、建筑等其他园林要素之间的关系，从而达到步移景异、时移景异的优美景观。

（四）经济性原则

园林的经济性原则主要是以最少的投入获得最大的生态效益和社会效益。例如，可以保留园林绿地原有的树种，慎重使用大树造景，合理使用珍贵树种，大量使用乡土树种。另外，也要考虑植物种植后的管理和养护费用等。

三、园林植物种植设计的方式与要求

园林植物的种植设计是按照园林绿地总体设计意图，因地制宜、适地适树地选择植物种类，根据景观的需要，采用适当的植物配置形式，完成植物的种植设计，体现植物造景的科学性和艺术性。

园林植物的种植按平面构图可分为自然式、规划式和混合式三种。自然式植物种植以反映自然植物群落之美为目的。花卉布置以花丛、花群为主；树木配置以孤植树、树丛、树林为主，一般不做规则式修剪。规则式的植物种植设计，花卉通常布置成图案花坛、花带、花坛群等，树木配置以行列式和对称式为主，树木都要进行整形修剪。混合式的植物种植设计，既有自然式的植物种植设计，也有规划式的植物种植设计。

（一）孤植

孤植是指单株乔木孤立种植的配置方式，主要表现树木的个体美。在配置孤植树时，必须充分考虑孤植树与周围环境的关系，要求体形与其环境相协调，色彩与其环境有一定差异。一般来说，在大草坪、大水面、高地、山冈上布置孤植树，必须选择体量巨大、树冠轮廓丰富的树种，才能与周围大环境取得均衡发展。同时，这些孤植树的色彩与背景的天空、水面、草地、山林等有差异，形成对比，才能突出孤植树在姿态、体形、色彩上的个体美。在小型的林中草地、较小水面的水滨以及小的院落之中布置孤植树，应选择体量小巧、树形轮廓优美的色叶树种和芳香树种等，使其与周围景观环境相协调。

孤植树可布置在开阔大草坪或林中草地的自然重心处，以形成局部构图中心，并注意与草坪周围的景物取得均衡与呼应；可配置在开阔的江、河、湖畔，以清澈的水色作为背景，使其成为一个景点；配置在自然式园林中的园路或水系的转弯处、假山蹬道口以及园林的局部入口处，作焦点树或诱导树；布置在公园铺装广场的边缘或园林建筑附近铺装场地上，用作庭荫树。

孤植树对树种的选择要求较高，一般要求树木形体高大、姿态优美、树冠开张、体形雄浑、枝叶茂盛、生长健壮、寿命较长、不含毒素、没有污染、具有一定的观赏价值的树种。常见适宜做孤植树的树种有香樟、榕树、悬铃木、朴树、雪松、银杏、七叶树、广玉兰、金钱松、油松、桧柏、白皮松、枫香、白桦等。

（二）对植

对植是指两株植物根据一定的轴线关系对称或均衡种植的配置方式。它主要用于强调公园、建筑道路、广场的入口，用作入口栽植和诱导栽植。对植配置形式有对称式和非对称式配置。

1. 对称式对植

对称式对植即采用同一树种、同一规格的树木依据主体景物的中轴线做对称布置，两树的连线与轴线垂直并被轴线等分。一般选择冠形规整的树种。此形式多运用于规则式种植环境之中。

2. 非对称式对植

非对称式对植即采用种类相同，但大小、姿态不同的树木，以主体景物中轴线为支点取得均衡关系，沿中轴线两侧做非对称布置。其中，稍大的树木离轴线垂直距离较稍小的树木近些，且彼此之间要相互呼应，要顾盼生情，以取得动势集中和左右均衡。可采用株数不同，但树种相同的树木，如左侧是1株大树，右侧为同种的2株小树，也可以两侧是相似而不相同的两个树种，还可以两侧是外形相似的两个树丛。此形式多运用于自然式种植环境之中。

（三）列植

列植是指树木按一定的株行距成行成列地栽植的配置方式。列植形成的景观比较整齐、单纯，列植与道路配合，可构成夹景。列植多运用于规则式种植环境中，如道路、建筑、矩形广场、水池等附近。

列植的树种宜选择树冠体形比较整齐的树种，树冠为圆形、卵圆形、椭圆形、圆锥形等。栽植间距取决于树木成年冠幅大小、苗木规格和园林主要用途，如景观、活动等。一般乔木采用 3 ~ 8m，灌木为 1 ~ 5m。列植的栽植形式主要有等行等距和等行不等距两种基本形式。可采用单纯列植和混合列植。单纯列植是同一规格的同一树种简单的重复排列，具有强烈的协调感和方向性，但相对单调、呆板。混合列植是用两种或两种以上的树木进行相间排列，形成有节奏的韵律变化。混合列植因树种的不同，会产生不同的色彩、形态、季相等变化，从而丰富了植物景观。但是，树种不宜超过三种，否则会显得杂乱无章。

（四）丛植

丛植通常是指由两株到十几株同种或异种树木组合种植的配置方式。将树木成丛地种植在一起，即称之为丛植。丛植所形成的种植类型就是树丛。树丛的组合，主要表现的是树木的群体美，彼此之间既有统一的联系，又有各自的变化。但也必须考虑其统一构图表现出单株的个体美。因此，选择作为组成树丛的单株树木的条件与选孤植树相类似，必须选择在庇荫、姿态、色彩、芳香等方面有特殊观赏价值的树木。树丛可做主景、配景障景、隔景或背景等。

（五）树丛在组成上有单纯树丛和混交树丛两种类型

1. 两株植物配置

必须既要调和又要有对比，两者成为对立统一体，故两树首先须有通相，即采用同一树种（或外形十分相似的不同树种）才能使两者统一起来。但又必须有殊相，即在姿态和体型大小上，两树应有差异，才能有对比而生动活泼。因此，两株植物配置必须一俯一仰、一倚一直，但两株树的距离应小于两树树冠直径长度。

2. 三株配置

三株植物配置，树种最好是同为乔木或同为灌木。如果是单纯树丛，树木的大小和姿态要有对比和差异；如果是混交树丛，则单株应避免选择最大的或最小的树形，栽植时三株忌在一直线上，也不宜布置成等边三角形。其中，最大的一株和最小的一株要靠近些，在动势上要有呼应，三株植物呈不等边三角形。在选择树种时，要避免体量差异太悬殊、姿态对比太强烈而造成构图的不统一。因此，三株配植的树丛最好选择同一树种而体形、姿态不同的进行配植。如采用两种树种，最好是相似的树种。

3. 四株配置

四株植物配置可以是单一树种，可以是两种不同树种。如果是相同的树种，各株树要求在体形、姿态上有所不同。如是两种不同树种，其树种的外形最好相似，否则就难以协调，四株植物配置的平面形式有两种类型：一种是不等边四边形；另一种是不等边三角形，形成 3：1 或 2：1：1 的组合。四株中最大的一株可在三角形那组内。在四株植物配植中，其中不能有任何 3 株成一直线排列。

4. 五株配置

五株植物的配植可以分为两种形式，这两组的数量可以是 3：2 或者是 4：1。在 3：2 配植中，要注意最大的一株必须与最小的一株在一组中。在 4：1 配植中，要注意单独的一组不能是最大的也不能是最小的。两组的距离不能太远，树种的选择可以是同一树种，也可以是两种或三种的不同树种，如果是两种树种，则一种树为三株，另一种树为两株，而且在体形、大小上要有差异，不能一种树为一株，另一种树为四株，这样易失去均衡。在 3：2 或 4：1 的配植中，同一树种不能全放在一组中，这样容易产生两个树丛的感觉。在栽植方法上有不等边的三角形、四边形、五边形等。在具体布置上，可以是常绿树组成的稳定树丛或常绿树和落叶树组成的半稳定树丛，也可以是落叶树组成的不稳定树丛。

5. 六株以上配置

六株以上树木的配置，一般是由 2 株、3 株、4 株、5 株等基本形式，交相搭配而成的。例如，2 株与 4 株，则成 6 株的组合；5 株与 2 株相搭，则为 7 株的组合，都构成 6 株以上树丛。它们均是几个基本形式的复合体。

综上所述可以看出，株数虽增多，仍有规律可循。只要基本形式掌握好，7 株、8 株、9 株乃至更多株树木的配合，均可依次类推。孤植树和 2 株树丛是基本方式，3 株树丛是由 1 株、2 株树丛组成的；4 株树丛则是由 1 株和 3 株树丛组成的；5 株树丛可看成由 1 株树丛和 4 株树丛或 2 株和 3 株树丛组成的；6 株以上树丛则可依次类推。其关键在于调和中有对比，差异中有稳定。株数太多时，树种可增加，但必须注意外形不能差异太大。一般来说，在树丛总株数 7 株以下时树种不宜超过 3 种，15 株以下不宜超过 5 种。

（六）群植

用数量较多的乔灌木（或加上地被植物）配植在一起形成一个整体，称为群植。群植所形成的种植类型称为树群。树群的株数一般在 20 株以上。树群与树丛不仅在规格、颜色、姿态、数量上有差别，而且在表现的内容方面也有一定的差异。树群表现的是整个植物体的群体美，主要观赏它的层次、外缘和林冠等，并且树群树种选择对单株的要求并没有树丛严格。树群可以组织园林空间层次，划分区域；也可以组成主景或配景，起隔离、屏障等作用。

树群的配植因树种的不同，可组成单纯树群或混交树群。树群内的植物栽植距离要有疏密变化，要构成不等边三角形，不能成排、成行、成带的等距离进行栽植，应注意树群内部植物之间的生态关系和植物的季相变化，使整个树群四季都有变化。树群通常布置在有足够观赏视距的开阔场地，如靠近林缘的大草坪、宽阔的林中空地、水中的小岛屿上，宽广水面的水滨以及山坡、土丘上等。作为主景的树群，其主要立面的前方，至少要有树群高度的 4 倍、树群宽度的 1.5 倍的距离，要留出空地，以便游人观赏。

（七）林植

当树群面积、株数都足够大时，它既构成森林景观，又能发挥特别的防护功能。这样的大树群，被称为林植；林植所形成的种植类型，称为树林，又称风景林。它是成片成块地大量栽植乔、灌木的一种园林绿地。树林按种植密度，可分为密林和疏林；按林种组成，可分为纯林和混合林。密林的郁闭度可达 70% ~ 95%。由于密林郁闭度较高，日光透入就少，林下土壤潮湿，地被植物含水量大，质地柔软，经不起行人践踏，并且容易弄脏人们的衣裤，故游人一般不便入内游览和活动。而其间修建的道路广场相对要多一些，以便容纳一定的游人数量，林地道路广场密度为 5% ~ 10%。疏林的郁闭度则为 40% ~ 60%。纯林树种单一，生长速度一致，形成的林缘线单调平淡。而混交林树种变化多样，形成的林缘线季相变化复杂，绿化效果也较生动。树林在园林绿地面积较大的风景区中应用较多，多用于大面积公园的安静休息区、风景游览区或休养、疗养区及卫生防护林带等。

（八）篱植

绿篱是耐修剪的灌木或小乔木，以相等的株行距，单行或双行排列而组成的规则绿带，是属于密植行列栽植的类型之一。它在园林绿地中的应用很广泛，形式也较多。

绿篱按修剪方式，可分为规则式和自然式。从观赏和实用价值来讲，可分为常绿篱、落叶篱、彩叶篱、花篱、果篱编篱、蔓绿篱等；按高度，可分为绿篱、高绿篱、中绿篱及矮绿篱。绿篱，高度在人视线高 160cm 以上；高绿篱，高度为 120 ~ 160cm，人的视线可通过，但不能跳越；中绿篱，高度为 50 ~ 120cm；矮绿篱，高度在 50cm 以下，人们能够跨越。篱植在园林中的作用有：围护防范，作为园林的界墙；模纹装饰，作为花境的"镶边"，起构图装饰作用；组织空间，用于功能分区，起组织和分隔空间的作用，还可组织游览路线，起引导作用；充当背景，作为花镜、喷泉、雕塑的背景，丰富景观层次，突出主景；障丑显美，作为绿化屏障，掩蔽不雅观之处；或做建筑物的基础栽植，修饰墙脚等。

（九）草本花卉的种植设计

草本花卉可分为一两年生草本花卉和多年生草本花卉。株高一般为 10 ~ 60cm。草本花卉表现的是植物的群体美，是最柔美、最艳丽的植物类型。草本花卉适用于布置花坛、花池、花境或做地被植物使用。其主要作用是烘托气氛、丰富园林景观。

1. 花坛

花坛是指在具有一定几何轮廓的种植床内，种植各种不同色彩的观花、观叶与观景的园林植物，从而构成富有鲜艳色彩或华丽纹样的装饰图案以供观赏。花坛在园林构图中常作为主景或配景，它具有较高的装饰性和观赏价值。

花坛按形式不同，可分为独立花坛、组合花坛、花群花坛；依空间位置不同，可分为平面花坛、斜面花坛、立体花坛；按种植材料不同，可分为盛花花坛（花丛式花坛）、草皮花坛、木本植物花坛、混合花坛；依花坛功能不同，可分为观赏花坛、标记花坛、主题花坛、基础花坛、节日花坛等。花坛设计包括花坛的外形轮廓、花坛高度、边缘处理、花坛内部的纹样、色彩设计以及植物的选择。

花坛突出的是图案构图和植物的色彩，花坛要求经常保持整齐的轮廓，因此，多选用植株低矮、生长整齐、花期集中、株型紧凑且花色艳丽（或观叶）的种类。一般还要求其便于经常更换及移栽布置，故常选用一两年生花卉。花坛色彩不宜太多，一般以 2 ~ 3 种为宜，色彩太多会给人以杂乱无章的感觉。植株的高度与形状对花坛纹样与图案的表现效果有密切关系。花坛的外形轮廓图样要简洁，轮廓要鲜明，形体有对比才能获得良好的效果。

花坛的体量大小、布置位置都应与周围的环境相协调。花坛过大，观赏和管理都不方便。一般独立花坛的直径都在 8m 以下，过大时内部要用道路或草地分割构成花坛群。带状花坛的长度不能少于 2m，也不宜超过 4m，并在一定的长度内分段。

为了避免游人踩踏装饰花坛，在花坛的边缘应设置边缘石及矮栏杆，也可在花坛边缘种植一圈装饰性植物。边缘石的高度一般为 10 ~ 15cm，最高不超过 30cm，宽度为 10 ~ 15cm。若花坛的边缘兼做园凳则可增高至 50cm，具体视花坛大小而言。花坛边缘矮栏杆的设计宜简单，高度不宜超过 40cm，边缘石与矮栏杆都必须与周围道路和广场的铺装材料相协调。若为木本植物花坛时，矮栏杆则可用绿篱代替。

2. 花境

花境也称境界花坛，是指位于地块边缘种植花卉灌木的一种狭长的自然式园林景观布置形式。它是模拟林缘地带各种野生花卉交错生长状态，创造的植物景观。

花境的平面形状较自由灵活，可以直线布置，如带状花坛，也可以作自由曲线布置，内部植物布置是自然式混交的，花境表现的主题是花卉群体形成的自然景观。

花境可分为单面观赏和双面观赏两大类型。单面观赏的花境，高的植物种植在后面，低矮的种植在前面，宽度一般为 2 ~ 4m，一般布置在道路两侧、草坪的边缘、建筑物四周等，其花卉配置方法可采用单色块镶嵌或各种草花混杂配置。双面观赏的花境，高的植物种植在中间，低矮的种植在两边，中间的花卉高度不能超过游人的视线，可供游人两面观赏，不需设背景。一般布置在道路、广场、草地的中央。理想的花境应四季有景可观，同时创造错落有致、花色层次分明、丰富美观的立体景观。

3. 花池和花台

花池和花台是花坛的特殊种植形式。凡种植花卉的种植槽，高者为台，低者为池。花台距地面较高，面积较小，适合近距离观赏，主要表现为观赏植物的形姿、花色，闻其花香，并领略花台本身的造型之美。花池可以种植花木或配置假山小品，是中国传统园林最常用的种植形式。

4. 花带

将花卉植物呈线性布置，形成带状的彩色花卉线。一般布置于道路两侧或草坪中，沿着道路向绿地内侧排列，形成层次丰富的多条色彩效果。

（十）水生植物的种植设计

水生花卉是指生长在水中、沼泽地或潮湿土壤中的观赏植物。它包括草本植物和水生植物。从狭义的角度讲，水生植物是指泽生、水生并具有一定观赏价值的植物。

水生植物不仅是营造水体景观不可或缺的要素，而且在人工湿地废水净化过程中起着重要的作用，水生植物设计时，要根据植物的生态习性，创造一定的水面植物景观，并依据水体大小和周围环境考虑植物的种类和配置方式。若水体小，则用同种植物；若水体大，可用几种植物，但应主次分明，布局时应疏密有致，不宜过分集中、分散。水生植物在水中不宜满池布置或环水体一圈设计，应留出一定的水面空间，只要保证 1/3 的绿化面积即可。水生植物的种植深度一般在 1m 左右，可在水中种植床、池、缸等，满足植物的种植深度。

（十一）攀缘植物的种植设计

攀缘植物指茎干柔弱纤细，自己不能直立向上生长，必须以某种特殊方式攀附于其他植物或物体之上才能正常生长的一类植物。攀缘植物有一两年生的草质藤本、多年生的木质藤本，有落叶类型，也有常绿类型。

攀缘植物种植设计又称垂直绿化，可形成丰富的立体景观。在城市绿化和园林建设中，广泛地应用攀缘植物来装饰街道、林荫道以及挡土墙、围墙、台阶、出入口、灯柱、建筑物墙面、阳台、窗台灯等或用攀缘植物装饰亭子、花架、游廊等。

（十二）地被植物的设计

地被植物是指生长的低矮紧密、繁殖力强、覆盖迅速的一类植物。它包括蕨类、球根、宿根花卉、矮生灌木及攀缘植物。地被植物的主要作用是覆盖地表，起到黄土不见天的作用。园林中，地被植物的应用应注重其色彩、质感、紧密程度以及同其他植物的协调性。

草坪是地被植物中应用最为广泛的一类。其主要的功能是为园林绿地提供一个有生命力的底色，因草坪低矮、空旷、统一，能同植物及其他园林要素较好地结合，草坪的应用更为广泛。

草坪的设计类型及应用多种多样。草坪按功能不同，又可分为观赏草坪、游憩草坪、体育草坪、护坡草坪、飞机场草坪及放牧草坪；按组成的不同，可分为单一草坪、混合草坪和缀花草坪；按规划设计的形式不同，可分为规则式草坪和自然式草坪。

四、乔木种植注意事项

乔木种植设计时，因乔木分枝点高，不占用人的活动空间，距路面（铺装地）0.5m以上即可，也可种于场地中间，土层厚度 1m 以上。灌木形体小，分枝点低，会占用人的活动空间。种植时，距铺装路面需 1m 以上。

第四节　园林建筑与小品规划设计

一、园林建筑与小品的类型和特点

（一）园林建筑与小品的类型

按园林建筑与小品的使用功能来进行分类，园林建筑与小品大致可分为以下五种类型：

1. 服务性建筑与小品

服务性建筑与小品其使用功能主要是为游人提供一定的服务，兼有一定的观赏作用，如摄影、服务部、冷饮室、小卖部、茶馆餐厅、公用电话亭、栏杆、厕所等。

2. 休息性建筑与小品

休息性建筑与小品也称游憩性建筑与小品，具有较强的公共游憩功能和观赏作用，如亭、台、楼、榭、舫、馆、塔、花架、园椅等。

3. 专用建筑与小品

专用建筑与小品主要是指使用功能较为单一，为满足某些功能而专门设计的建筑与小品，如展览馆、陈列室、博物馆、仓库等。

4. 装饰性建筑与小品

装饰性建筑与小品主要是指具有一定使用功能和装饰作用的小型建筑设施，其类型较多。例如，各种花钵、饰瓶、装饰性的日晷、香炉、各种景墙、景窗等以及结合各类照明的小品，在园林中都起装饰点缀的作用。

5. 展示性建筑与小品

展示性建筑与小品如各种广告板、导游图板、指路标牌以及动物园、植物园和文物古建筑的说明牌、阅报栏、图片画廊等，这些都对游人有宣传、教育的作用。

（二）园林建筑与小品的特点

1.园林建筑的特点

园林建筑只是建筑中的一个分支，同其他建筑一样都是为了满足某些物质和精神的功能需要而构造的，但园林建筑在物质和精神功能方面与其他的建筑不一样，其表现出以下三个特点。

（1）特殊的功能性

园林建筑主要是为了满足人们的休憩和文化娱乐生活，除了具有一定的使用功能，更需具备一定的观赏性功能。因此，园林建筑的艺术性要求较高，应具有较高的观赏价值并富有诗情画意。

（2）设计灵活性大

园林建筑因受到休憩娱乐生活的多样性和观赏性的影响，在设计时，受约束的强度较小，园林建筑从数量、体量、布局地点、材料、颜色等都应具有较强的自由度，使设计的灵活性增强。

（3）园林建筑的风格要与园林的环境相协调

园林建筑是建筑与园林有机结合的产物。在园林中，园林建筑不是孤立存在的，而是需要与山、水、植物等有机结合，相互协调，共同构成一个具观赏性的景观。

2.园林建筑小品的特点

（1）具有较强的艺术性和较高的观赏价值

园林建筑小品具有艺术化、景致化的作用，在园林景观中具有较强的装饰性，增添了园林气氛。

（2）表现形式与内容灵活多样，丰富多彩

园林建筑小品是经过精心加工，艺术处理，其结构和表现形式多种多样，外形变化大，景观艺术丰富多彩。在园林中，这些能起到画龙点睛和吸引游人视线的作用。

（3）造型简洁、典雅、新颖

园林建筑小品形体小巧玲珑，形式活泼多样，姿态千变万化，且由于现代科学技术水平的提高，使得建筑小品的造型及特点越来越多。园林建筑小品造型上要充分考虑周围环境的特异性，要富有情趣。

二、园林建筑与小品的功能和作用

（一）园林建筑与小品的使用功能

园林建筑与小品是供人们使用的设施，具有使用功能，如休憩、遮风避雨、饮食、体育、文化活动等。

（二）园林建筑与小品的景观功能

园林建筑与小品在园林绿地中作为景观，起着重要的作用，可作为园林的构图中心，其是主景，起到点景的作用，如亭、水榭等；可作为点缀，烘托园林主景，起配景或辅助作用，如栏杆、灯等；园林建筑还可分隔、围合或组织空间，将园林划分为若干空间层次；园林建筑也可起到导与引的作用，有序组织游人对景物进行观赏。

三、园林建筑与小品的设计原则

园林建筑与小品的艺术布局内容广泛，在设计时应与其他要素结合，根据绿地的要求设计出不同特色的景点，注意造型、色彩、形式等的变化。在具体设计时，应注意遵循以下原则：

（一）满足使用功能的需要

园林建筑与小品的功能是多种多样的，它对游人产生的作用非常大，可以满足游人游览时进行的一些活动，缺少了它们将会给游人带来很多不方便，如小卖部、园椅桌、厕所等。

（二）注重造型与色彩，满足造景需要

园林建筑与小品设计时灵活多变，不拘泥于特定的框架，首先，可根据需要自由发挥、灵活布局。其布局位置、色彩、造型、体量、比例、质感等均应符合景观的需要，注重园林建筑与小品的造型和色彩，增强建筑与小品本身的美观和艺术性。其次，也能利用建筑与小品来组织空间、组织画面，丰富层次，达到良好的效果。

（三）注重立意与布局，与绿地艺术形式相协调

园林绿地艺术布局的形式各不相同，园林建筑与小品应与其相协调，做到情景交融。要与各个国家、各个地区的历史、文化等相结合，表达一定的意境和情趣。例如，主题雕塑要具有一定的思想内涵，注重情景交融，表现较强的艺术感染力。

（四）注重空间的处理，讲究空间渗透与层次

园林建筑与小品虽然体量小，结构简单，但园林建筑小品中的墙、花架、园桥等在划分空间、空间渗透以及水面空间的处理上具有一定的作用。因此，也要注重园林建筑小品所起的空间作用，其中讲究空间的序列变化。

四、园林建筑与小品设计

（一）亭

亭是园林中应用较为广泛的园林建筑，已成为我国园林的象征。亭可满足园林游憩的要求，可点缀园林景色，构成景观；可作为游人休息凭眺之所，可防日晒、避雨淋、消暑纳凉、畅览园林景致，深受游人的喜爱。

1.亭的形式

亭的形式很多，按平面形式，可分为圆形亭、长方形亭、三角形亭、四角形亭、六角形亭、八角形亭、蘑菇亭、伞亭、扇形亭；按屋顶形式，可分为单檐、重檐、三重檐、攒尖顶、歇山顶、平顶；按布置位置，可分山亭、桥亭、半亭、路亭；按其组合不同，可分为单体式、组合式和与廊墙相结合的形式。现代园林多用水泥、钢木等多种材料，制成仿竹、仿松木的亭，有些山地或名胜地，用当地随手可得的树干、树皮、条石构亭，亲切自然，与环境融为一体，更具地方特色，造型丰富，姿态多样，具有很好的效果。

2.亭的设计

亭在园林中常作为对景、借景、点缀风景用，也是人们游览、休息、赏景的最佳处。它主要是为了满足人们在游赏活动的过程中驻足休息、纳凉避雨、纵目眺望的需要，在使用功能上没有严格的要求。亭在园林布局中，其位置的选择极其灵活，不受格局所限，可独立设置，也可依附于其他建筑物而组成群体，更可结合山石、水体、大树等，得其天然之趣，充分利用各种奇特的地形基址创造出优美的园林意境。

（1）山上建亭

山上建亭丰富了山体轮廓，使山色更有生气。其中常选择的位置有山巅、山腰台地、悬崖峭峰、山坡侧旁、山洞洞口、山谷溪涧等处。亭与山的结合可以共筑成景，成为一种山景的标志。亭立于山顶可升高视点俯瞰山下景色，如北京香山公园的香炉峰上的重阳阁方亭。亭建于山坡可做背景，如颐和园万寿山前坡佛香阁两侧有各种亭对称布置，甚为壮观。山中置亭有幽静深邃的意境，如北京植物园内拙山亭。山上建亭有的是为了与山下的建筑取得呼应，共同构成更美的空间。只要选址得当、形体合宜，山与亭相结合能形成特有的景观。颐和园和承德避暑山庄全园大约有1/3数量的亭子建在山上，取得了很好的效果。

（2）临水建亭

水边设亭，一方面是为了观赏水面的景色；另一方面也可丰富水景效果。临水的岸边、水边石矶、水中小岛、桥梁之上等都可设亭。水面设亭应尽量贴近水面，宜低不宜高，可三面或四面临水。凸出水中或完全驾临于水面之上的亭，也常立基于岛、半岛或水中石台之上，以堤、桥与岸相连。为了营造亭子有漂浮于水面的感觉，设计时还应尽可能把亭子下部的柱墩缩到挑出的底板边缘的后面去或选用天然的石料包住混凝土柱墩，并在亭边的沿岸和水中散置叠石，以增添自然情趣。水面设亭体量上的大小，主要看它所处水面的大小而定。位于开阔湖面的亭子尺度一般较大，有时为了强调一定的气势和满足园林规划的需要，还会把几个亭子组织起来，成为一组亭子组群，塑造层次丰富、体型变化的建筑形象，给人留下深刻的印象。

（3）平地建亭

平地建亭，位置随意，一般建于道路的交叉口上、路侧林荫之间。有的被一片花木山石所环绕，形成一个小的私密性空间环境；有的在自然风景区的路旁或路中筑亭作为进入主要景区的标志。这充分体现休息、纳凉和游览的作用。

3. 亭与植物结合

与园林植物结合通常能产生较好的效果。亭旁种植植物应有疏有密，精心配置，不可壅塞，要有一定的欣赏、活动空间。山顶植树更需留出从亭往外看的视线。

4. 亭与建筑的结合

亭可与建筑相连，亭也可与建筑分离，作为一个独立的单体存在。把亭置于建筑群的一角，使建筑组合更加活泼生动。亭还经常设立于密林深处、庭院一角、花间林中、草坪中、园路中间以及园路侧旁等平坦处。

（二）廊

廊是有顶盖的游览通道。廊具有联系功能，将园林中各景区、景点联成有序的整体；廊可分隔并围合空间；调节游园路线；廊还有防雨淋、躲避日晒的作用，形成休憩、赏景的佳境廊。

1. 廊的形式

廊根据立面造型，可分为空廊（双面空廊）、半廊（单面空廊）、复廊、双层廊（又称复道阁廊）等；根据平面形式，可分为直廊、曲廊（波折廊）和回廊；根据位置不同，可分为平地廊、爬山廊和水廊。

2. 廊的设计

在园林的平地、水边、山坡等各种不同的地段上都可建廊。由于不同的地形与环境，其作用及要求也各不相同。

（1）平地建廊

常建于草坪一角、休息广场中、大门出入口附近，也可沿园路或用来覆盖园路或与建筑相连等。

（2）水边或水上建廊

水边或水上建廊一般称为水廊，供欣赏水景及联系水上建筑之用，形成以水景为主的空间。

（3）山地建廊

供游山观景和联系山坡上下不同标高的建筑物之用，也可借去以丰富山地建筑的空间构图。爬山廊有的位于山之斜坡，有的依山势蜿蜒转折而上。

（三）榭

榭是园林中游憩建筑之一，建于水边，故也称"水榭"。榭一般借助周围景色构成，面山对水，望云赏月，借景而生，有观景和休息的作用。

1. 榭的形式

榭的结构依照自然环境的不同有各种形式。它的基本形式是在水边架起一个平台，平台一半伸入水中（将基部石梁柱伸入水中，上部建筑形体轻巧，似凌驾于水上），一半架立于岸边，平面四周以低平的栏杆相围绕，然后在平台上建起一个单体建筑物，其临水一侧特别开敞，成为人们在水边的一个重要休息场所。例如，苏州拙政园的"芙蓉榭"、网师园的"濯缨水阁"等。榭与水体的结合方式有多种，有一面临水、两面临水、三面临水以及四面临水（有桥与湖岸相接）等形式。

2. 榭的设计

水榭位置宜选择在水面有景可借之处，同时要考虑对景、借景的安排，建筑及平台尽量低临水面。如果建筑或地面离水面较高时，可将地面或平台做下沉处理，以取得低临水面的效果。榭的建筑要开朗、明快，要求视线开阔。

（四）舫

舫是建于水边的船形建筑，主要供人们在内游玩饮宴，观赏水景，会有身临其中之感。舫一般由三部分组成：前舱较高，设坐槛、椅靠；中舱略低，筑矮墙；尾舱最高，多为两层，以做远眺，内有梯直上。舫的前半部多三面临水，船首一侧常设有平桥与岸相连，仿跳板之意。通常下部船体用石建，上部船舱则多木结构。由于像船但不能动，故也名"不系舟"，又称旱船。例如，苏州拙政园的"香洲"、怡园的"画舫斋"、北京颐和园的石舫等都是较好的实例。

舫的选址宜在水面开阔处，既可使视野开阔，又可使舫的造型较完整地体现出来，并注意水面的清洁，避免设在容易积污垢的水区。

（五）花架

花架是攀缘植物攀爬的棚架，又是人们消暑、避荫的场所。花架的形式主要有单片花架、独立花架、直廊式花架、组合式花架。

花架在造园设计中通常具有亭、廊的作用。做长线布置时，就像游廊一样能发挥建筑空间的脉络作用，形成导游路线。同时，可用来划分空间，增加风景的深度。做点状布置时，就像亭子一样，可以形成观赏点。

在花架设计的过程中，应注意环境与土壤条件，使其适应植物的生长要求。要考虑到没有植物的情况，花架也要能具有良好的景观效果。

（六）园门、园窗、园墙

1. 园门

园门有指示导游和点缀装饰作用，园门形态各异，有圆形、六角形、八角形、横长、直长、桃形、瓶形等形状。如在分隔景区的院墙上，常用简洁而直径较大的圆洞门或八角形洞门，便于人流通行；在廊及小庭院等小空间处所设置的园门，多采用较小的秋叶瓶、直长等轻巧玲珑的形式，同时门后常置以峰石、芭蕉、翠竹等构成优美的园林框景或对景。

2. 园窗

园窗一般有空窗和漏窗两种形式。空窗是指不装窗扇的窗洞，它除能采光外，常作为框景，与园门景观设计相似，其后常设置石峰、竹丛、芭蕉之类，通过空窗，可形成一幅幅绝妙的图画，使游人在游赏中不断获得新的画面感受。空窗还有使空间相互渗透和增加景深的作用。它的形式有很多，如长方形、六角形、瓶形、圆形、扇形等。

漏窗可用以分隔景区空间，使空间似隔非隔，景物若隐若现，起到虚中有实、实中有虚、隔而不断的艺术效果，而漏窗自身有景，逗人喜爱。漏窗窗框形式繁多，有长方形、圆形、六角形、八角形、扇形等。

3. 园墙

园墙在园林建筑中一般是指围墙和屏壁（照壁），也称景墙。它们主要用于分隔空间、丰富景致层次及控制、引导游览路线等，是空间构图的一项重要手段。园墙的形式很多，如云墙梯形墙、白粉墙、水花墙、漏明墙、虎皮石墙等。景墙也可做背景，景墙的色彩、质感既要有对比，又要协调；既要醒目，又要调和。

（七）雕塑

雕塑是指具有观赏性的小品雕塑，主要以观赏和装饰为主。它不同于一般的大型纪念性雕塑。园林绿地中的雕塑有助于表现园林主题、点缀装饰风景、丰富游览内容的作用。

1. 雕塑类型

雕塑按性质不同，可分为纪念性雕塑，多布置在纪念性园林绿地中；主题性雕塑，有明确的创作主题，多布置在一般园林绿地中；装饰性雕塑，以动植物或山石为素材，多布置在一般园林绿地中。按照形象不同，又可分为人物雕塑、动物雕塑、抽象雕塑、场景雕塑等。

2. 雕塑的设计

雕塑一般设立在园林主轴线上或风景透视线的范围内，也可将雕塑建立于广场、草坪、桥畔、山麓、堤坝旁等。雕塑既可单独设置，也可与水池、喷泉等搭配。有时，雕塑后方可密植常绿树丛，作为衬托，则更使所塑形象特别鲜明突出。

园林雕塑的设计和取材应与园林建筑环境相协调，要有统一的构思，使雕塑成为园林环境中一个有机的组成部分。雕塑的平面位置、体量大小、色彩、质感等方面都要进行全面的考虑。

（八）园桥

园桥是园林风景景观的一个重要组成部分。它具有三重作用：一是悬空的道路，起组织游览线路和交通的功能，并可交换游人景观的视觉角度；二是凌空的建筑，点缀水景，本身就是园林一景，可供游人赏景、游憩；三是分隔水面，增加水景层次。

1. 园桥的种类

园桥因构筑材料不同，可分为石桥、木桥、钢筋混凝土桥等；根据结构不同，又有梁式与拱式、单跨与多跨之分，其中拱桥又有单曲拱桥和双曲拱桥两种；按形式不同，可分为贴临水面的平桥、起伏带孔的拱桥、曲折变化的曲桥、有桥上架屋的亭桥、廊桥等。

2. 园桥的设计

园桥的设计要注意以下几点。①桥的造型、体量应与园林环境、水体大小相协调。②桥与岸相接处要处理得当，以免显得生硬呆板。③桥应与园林道路系统配合，以起到联系游览线路和观景的作用。

（九）园椅、园桌、园凳

园椅、园桌、园凳可供人休息、赏景之用。同时，这些桌椅本身的艺术造型也能装点园林景色。园椅一般布置在人流较多、景色优美的地方，如树荫下、水池、路旁、广场、花坛等游人需停留休息的地方。有时，还可设置园桌，供游人休息娱乐用。

园椅、园凳设计时，应尽量做到构造简单、坚固舒适、造型美观，易清洁，耐日晒雨淋，其图案、色彩、风格要与环境相协调。常见形式有直线长方形、方形，曲线环形、圆形，直线加曲线以及仿生与模拟形等。此外，还有多边形或组合形，也可与花台、园灯、假山等结合布置。

园椅、园凳的设计，应注意以下五个方面的问题：一是应结合游人体力，行程距离或经一定高程的升高，在适当的位置设休息椅。二是根据园林景致布局的需要，设园凳以点缀环境。如在风景优美的一隅、林间花畦、水边、崖旁、各种活动场所周围，小广场周围、出入口等处，可设园椅。三是园路两旁设园椅宜交错布置，不宜正面相对，可将视线错开。四是路旁设园椅，不宜紧贴路边，需留出一定的距离，也可构成袋形地段，以种植物做适当隔离，形成安静环境。路旁拐弯处设园椅时，要辟出小空间，可缓冲人流。五是规则式广场园椅设置宜周边布置，有利于形成中心景物及人流通畅。不规则式广场园椅可依广场形状、人流路线设置。

（十）园灯

园灯既有照明功能又有点缀园林环境的功能。园灯一般宜设在出入口、广场、交通要道、园路两侧、台阶、桥梁、建筑物周围、水景、喷泉、水池、雕塑、花坛、草坪边缘等。园灯的造型不宜复杂，切忌施加繁琐的装饰，通常以简单的对称式为主。

（十一）栏杆

栏杆是由外形美观的短柱和图案花纹，按一定间隔（距离）排成栅栏状的构筑物。栏杆在园林中主要起防护、分隔作用，同时利用其节奏感，发挥装饰园景的作用。有的台地栏杆可做成坐凳形式，既可防护，又可供休息。栏杆的造型需与环境协调，在雄伟的建筑环境内，需配坚实又具庄重感的栏杆；在花坛边缘或园路边可配灵活轻巧、生动活泼的修饰性栏杆。栏杆的高度随环境和功能要求的不同，有较大的变化。设在台阶、坡地的一般防护栏杆高度可为 85 ~ 95cm；但在悬崖峭壁的防护栏杆，高度应在人的重心以上，为 1.1 ~ 1.2m；广场花坛旁栏杆，不宜超过 30cm；设在水边、坡地的栏杆，高度为 60 ~ 85cm；坐凳式栏杆凳的高度以 40 ~ 45cm 为宜。

（十二）宣传牌、宣传廊

宣传廊、宣传牌主要用于展览和宣传。它具有形式灵活多样，体型轻巧玲珑，占地少以及造价低廉和美化环境等特点，适于在各类园林绿地中布置。

宣传廊、宣传牌一般设置在游人停留较多之处，但又不可妨碍行人来往，故需设在人流路线之外，廊、牌前应留有一定空地，作为观众参观展品的空间。它们可与挡土墙、围墙结合或与花坛、花台相结合。宣传廊、宣传牌的高度多为 2.2 ~ 2.4m，其上下边线宜为 1.2 ~ 2.2m。

（十三）其他公用类建筑设施

其他公用类建筑设施主要包括电话、通信、导游、路标、停车场、存车处，供电及照明、供水及排水设施以及标志物、果皮箱、饮水站、厕所等。

第三章　园林绿植绿化施工

第一节　乔木灌木

一、乔灌木配置

1. 配置原则

乔木灌木配置的形式多种多样、千变万化，但主要可归纳为两大类，即规则式配置和自然式配置。

（1）规则式。规则式又称整形式、几何式、图案式等，是把树木按照一定的几何图形进行栽植，具有一定的株行距或角度，整齐、严谨、庄重，常给人以雄伟的气魄感，体现一种严整大气的人工艺术美，视觉冲击力较强，但有时也显得压抑和呆板。常用于规则式园林和需要庄重的场合，如寺庙、陵墓、广场、道路、入口以及大型建筑周围等。包括对植、列植等。法国、意大利、荷兰等国的古典园林中，植物景观主要是规则式的，植物被整形修剪成各种几何形体以及鸟兽形体，与规则式建筑的线条、外形，乃至体量协调统一。

（2）自然式。自然式又称风景式、不规则式，植物景观呈现出自然状态，其中无明显的轴线关系，各种植物的配置自由变化，没有一定的模式。树木种植无固定的株行距和排列方式，形态大小不一，自然、灵活，富于变化，体现柔和、舒适、亲近的空间艺术效果。这种风格适用于自然式园林、风景区和普通的庭院，如大型公园和风景区常见的疏林草地就属于自然式配置。中国式庭园、日本式茶庭及富有田园风趣的英国式庭园也多采用自然式配置。

2. 孤植

（1）简介。在一个较为开旷的空间，远离其他景物种植一株乔木称为孤植。孤植树也叫园景树、独赏树或标本树，在设计中多处于绿地平面的构图中心和园林空间的视觉中心而成为主景，也可起引导视线的作用，并可烘托建筑、假山或活泼水景，具有强烈的标志性、导向性和装饰作用。

（2）要求。对孤植树的设计要特别注意的是"孤树不孤"。不论在何处，孤植树都不是独立存在的，它总要和周围的各种景物，如建筑、草坪、其他树木等配合，以形成一个统一的整体，因而要求其体量、姿态、色彩、方向等方面与环境其他景物既有对比，又有联系，共同统一于整体构图之中。

（3）适用范围。孤植树常用于庭院、草坪、假山、水面附近、桥头、园路尽头或转弯处等，广场和建筑旁也常配置孤植树。孤植树在古典庭院和自然式园林中应用很多，如我国苏州古典园林中常见其被应用，而在草坪上孤植欧洲榭栎几乎成为英国自然式园林的特色之一。

（4）意图。

1）孤植树主要突出表现单株树木的个体美，一般为大中型乔木，寿命较长，既可以是常绿树，也可以是落叶树。要求植株姿态优美，或树形挺拔、端庄、高大雄伟，如雪松、南洋杉、樟树、榕树、木棉、柠檬桉；或树冠开展、枝叶优雅、线条宜人，如鸡爪槭、垂柳；或秋色艳丽，如银杏、鹅掌楸、洋白蜡；或花果美丽、色彩斑斓，如樱花、玉兰、木瓜。如选择得当，配置得体，孤植树可起到画龙点睛的作用。苏州留园"绿荫轩"旁的鸡爪槭是优美的孤植树，而狮子林"问梅阁"东南的孤植大银杏则具有"一枝气可压千林"的气势。

2）孤植树是园林局部构图的主景，因而要求栽植地点位置较高，四周空旷，便于树木向四周伸展，并有较适宜的观赏视距，一般在4倍树高的范围里要尽量避免被其他景物遮挡视线，如可以，设计在宽阔开朗的草坪上，或水边等开阔地带的自然重心上。秋色金黄的鹅掌楸、无患子、银杏等，若孤植于大草坪上，秋季金黄色的树冠在蓝天和绿草的映衬下显得极为壮观。事实上，许多古树名木从景观构成的角度而言，实质上起着孤植树的作用。此外，几株同种树木靠近栽植，或者采用一些丛生竹类，也可营造出孤植的效果。

3）必须考虑孤植树与环境间的对比及烘托关系。如曲廊、幽径、墙垣的转折处，池畔、桥头、大片草坪上，花坛中心、道路交叉点、道路转折点、缓坡、平阔的湖池岸边等处，均适合配置孤植树。孤植树配置于山岗上或山脚下，既有良好的观赏效果，又能起到改造地形、丰富天际线的作用。以树群、建筑或山体为背景配置孤植树时，要注意所选孤植树在色彩上与背景应有反差，在树形上也能协调。从遮阴的角度来选择孤植树时，应选择分枝点高、树冠开展、枝叶茂盛、叶大荫浓、病虫害少、无飞毛飞絮、不污染环境的树种，以圆球形、伞形树冠为好，如银杏、榕树、樟树、核桃。除了前面所提到的树种以外，可作孤植树使用的还有黄山松、七叶树、栾树、国槐、金钱松、南洋楹、海棠、樱花、白兰花、白皮松、圆柏、油松、毛白杨、白桦、元宝枫、柿树、白蜡、皂角、白榆、薄壳山核桃、朴树、冷杉、云杉、丝棉木、乌桕、合欢、枫香、广玉兰、桂花、喜树、小叶榕、菩提树、腊肠树、橄榄、凤凰木、大花紫薇等。

3. 对植

（1）简介。将树形美观、体量相近的同一树种，以呼应之势种植在构图中轴线的两侧称为对植。对植强调对应的树木在体量、色彩、姿态等方面的一致性，只有这样，才能体现出庄严、肃穆的整齐美。

（2）要求。对植多选用树形整齐优美、生长较慢的树种，以常绿树为主，但很多花色优美的树种也适于对植情况。常用的有松柏类、南洋杉、云杉、冷杉、大王椰子、假槟榔、苏铁、桂花、玉兰、碧桃、银杏、蜡梅、龙爪槐等，或者选用可进行修剪的树种进行人工造型，以便从形体上取得规整对称的效果，如整形的大叶黄杨、石楠、海桐等也常用作对植。

（3）适用范围。对植常用于房屋和建筑前、广场入口、大门两侧、桥头两旁、石阶两侧等，起衬托主景的作用，或形成配景、夹景，以增强透视的纵深感。例如，公园门口对植两棵体量相当的树木，可以对园门及其周围的景物起到很好的引导作用；桥头两旁的对植则能增强桥梁构图上的稳定感。对植也常用在有纪念意义的建筑物或景点两边，这时选用的对植树种在姿态、体量、色彩上要与景点的思想主题相吻合，既要发挥其衬托作用，又不能喧宾夺主。

（4）示意图

1）两株树的对植一般要用同一树种，姿态可以不同，但动势要向构图的中轴线集中，不能形成背道而驰的局面，那样会影响景观效果。也可以用两个树丛形成对植，这时选择的树种和组成要比较近似，栽植时注意避免呆板的绝对对称，但又必须形成对应关系，给人以均衡的感觉。

2）对植可以分为对称对植和拟对称对植。对称对植要求在轴线两侧对应地栽植同种、同规格、同姿态树木，其多用于宫殿、寺庙和纪念性建筑前，体现一种肃穆气氛。在平面上要求严格对称，立面上高矮、大小、形状一致。拟对称对植只是要求体量均衡，并不要求树种、树形完全一致，既给人以严整的感觉，又有活泼的效果。

4. 列植

（1）简介。树木呈带状的行列式种植称为列植，有单列、双列、多列等类型。列植主要用于公路、铁路、城市街道、广场、大型建筑周围、防护林带、农田林网、水边种植等。

（2）要求。园林中常见的灌木花径和绿篱从本质上讲也是列植，只是株行距很小。就行道树而言，既可单树种列植，也可两种或多种树种混用，应注意节奏与韵律的变化，如西湖苏堤中央大道两侧以无患子、重阳木和三角枫等分段配置，效果很好。在形成片林时，列植常采用变体的三角形种植，如等边三角形、等腰三角形等。

（3）适用范围。列植应用最多的是道路两旁。道路一般都有中轴线，最适宜采取列植的配置方式，通常为单行或双行，选用一种树木，必要时亦可多行，且用数种树木按一定方式排列。

行道树列植宜选用树冠形体比较整齐一致的种类。株距与行距的大小应视树的种类和所需要遮阴的郁闭程度而定。一般大乔木株行距为 5 ~ 8m，中小乔木为 3 ~ 5m，大灌木为 2 ~ 3m，小灌木为 1 ~ 2m。完全种植乔木，或将乔木与灌木交替种植皆可。常用树种中，大乔木有油松、圆柏、银杏、国槐、白蜡、元宝枫、毛白杨、柳杉、悬铃木、榕树、臭椿、垂柳、合欢等；小乔木和灌木有丁香、红瑞木、小叶黄杨、西府海棠、玫瑰、木槿等。绿篱可单行也可双行种植，株行距一般 30 ~ 50cm，多选用圆柏、侧柏、大叶黄杨、黄杨、水蜡、木槿、蔷薇、小叶女贞、黄刺玫等分枝性强、耐修剪的树种，以常绿树为主。

（4）示意图。列植树木要保持两侧的对称性，平面上要求株行距相等，立面上树木的冠径、胸径、高矮则要大体一致。当然这种对称并不一定是绝对的对称，如株行距不一定要绝对相等，可以是有规律地变化。列植树木形成片林，可做背景或起到分割空间的作用，通往景点的园路可用列植的方式来引导游人视线。

5.丛植

（1）简介。由 2 ~ 3 株至 10 ~ 20 株同种或异种的树木按照一定的构图方式组合在一起，使其林冠线彼此密接而形成一个整体的外轮廓线，这种配置方式称为丛植。在自然式园林中，丛植是最常用的配置方法之一，可用于桥、亭、台、榭的点缀和陪衬，也可专设于路旁、水边、庭院、草坪或广场一侧，以丰富景观色彩和景观层次，活跃园林气氛。运用写意手法，几株树木丛植，姿态各异、相互趋承，便可形成一个景点或构成一个特定空间。

（2）要求。树丛景观主要反映出自然界小规模树木群体形象美。这种群体形象美又是通过树木个体之间的有机组合与搭配来体现的，彼此之间既有统一的联系，又有各自形态的变化。在空间景观构图上，树丛常做局部空间的主景，或配景、障景、隔景等，同时也兼有遮阴作用。以遮阴为主要目的的树丛常选用乔木，并多用单一树种，如毛白杨、朴树、樟树、橄榄，树丛下也可适当配置耐阴花灌木。以观赏为目的的树丛，为了延长观赏期，可以选用多种树种，并注意树丛的季相变化，最好将春季观花、秋季观果的花灌木以及常绿树种配合使用，并可于树丛下配置常绿地被。例如，在华北地区，"油松—元宝枫—连翘"树丛或"黄栌—丁香—珍珠梅"树丛可布置于山坡，"垂柳—碧桃"树丛则可布置于溪边池畔、水榭附近以形成桃红柳绿的景色，并可在水生内种植荷花、睡莲、水生鸢尾；在江南，"松—竹—梅"树丛布置于山坡、石间是我国传统的配置形式，谓之"岁寒三友"。

（3）适用范围。丛植形成的树丛既可做主景，也可以做配景。做主景时四周要空旷，宜用针阔叶混植的树丛，有较为开阔的观赏空间和通道视线，栽植点位置较高，使树丛主景突出。树丛配置在空旷草坪的视点中心上，具有极好的观赏效果；在水边或湖中小岛上配置，可作为水景的焦点，能使水面和水体活泼而生动；公园进门后配置一丛树丛，既可观赏，又有障景作用。在中国古典山水园中，树丛与山石组合，设置于粉墙前、廊亭侧或房屋角隅，组成特定空间内的主景是常用的手法。除了做主景外，树丛还可以做假山、雕塑、建筑物或其他园林设施的配景，如用作小路分歧的标志或遮蔽小路的前景，峰回路转，形成不同的空间分割。同时，树丛还能做背景，如用樟树、女贞、油松或其他常绿树丛植作为背景，前面配置桃花等早春观花树木或宿根花境，均有很好的景观效果。

（4）示意图。我国画理中有"两株一丛的要一俯一仰，三株一丛要分主宾，四株一丛的株距要有差异"的说法，这也符合树木丛植配置的构图原则。在丛植中，有两株、三株、四株、五株以至十几株的配置。

6. 群植

（1）简介。群植指成片种植同种或多种树木，常由二三十株以至数百株的乔灌木组成。其可以分为单纯树群和混交树群。单纯树群由一种树种构成。混交树群是树群的主要形式，完整时从结构上可分为乔木层、亚乔木层、大灌木层、小灌木层和草本层，乔木层选用的树种树冠姿态要特别丰富，使整个树群的天际线富于变化，亚乔木层选用开花繁茂或叶色美丽的树种，灌木一般以花木为主，草本植物则以宿根花卉为主。

（2）要求。树群所表现的主要为群体美，观赏功能与树丛近似，在大型公园中可作为主景，应该布置在有足够距离的开阔场地上，如靠近林缘的大草坪上、宽广的林中空地、水中的小岛上、宽广水面的水滨、小山的山坡、土丘上等，尤其配置于滨水效果更佳。树群主要立面的前方，至少在树群高度的4倍，宽度的1.5倍距离上，要留出空地，以便游人欣赏。树群规模不宜太大，构图上要四面空旷；组成树群的每株树木，在群体的外貌上，都起到一定作用；树群的组合方式，一般采用郁闭式，成层的结合。树群内部通常不允许游人进入，因而不利于做遮阴休息之用，但是树群的北面，以及树冠开展的林缘部分，仍可供庇荫休息之用。树群也可做背景，两组树群配合还可起到框景的作用。

（3）适用范围。群植是为了模拟自然界中的树群景观，根据环境和功能要求，可多达数百株，但应以一两种乔木树种为主体和基调树种，分布于树群各个部位，以取得和谐统一的整体效果。其他树种不宜过多，一般不超过10种，否则会显得零乱和繁杂。在选用树种时，应考虑树群外貌的季相变化，使树群景观具有不同的季节景观特征。树群设计应当源于自然又高于自然，把客观的自然树群形象与设计者的感受情思结合起来，抓住自然树群最本质的特征加以表现，求神似而非形似。宋代郭熙在《林泉高致》中说，"千里之山，不能尽奇，万里之水，岂能尽秀"，此虽为画理，但与园林设计之理是共通的。群植主要表现树木的群体美，要求整个树群疏密自然，林冠线和林缘线变化多端，并适当留出林间小块隙地，配合林下灌木和地被植物的应用，以增添趣味。

（4）示意图。

1）同丛植相比，群植更需要考虑树木的群体美、树群中各树种之间的搭配，以及树木与环境的关系，对树种个体美的要求没有树丛严格，因而树种选择的范围更广。乔木树群多采用密闭的形式，故应适当密植以及早郁闭。由于树群的树木数量多，特别是对较大的树群来说，树木之间的相互影响、相互作用会变得突出，因此，在树群的配置和营造中要十分注意各种树木的生态习性，创造满足其生长的生态条件，要注意耐荫种类的选择和应用。从景观角度考虑，树群外貌要有高低起伏变化，注意林冠线、林缘线的优美及色彩季相效果。

2）树群组合的基本原则是，高度喜光的乔木层应该分布在中央，亚乔木在其四周，大灌木、小灌木在外缘，这样不至于相互遮掩。但其各个方向的断面，不能像金字塔那样机械，树群的某些外缘可以配置一两个树丛及几株孤植树。树群内植物的栽植距离要有疏密的变化，构成不等边三角形，切忌成行、成排、成带的栽植，常绿、落叶、观叶、观花的树木，其混交的组合，不可用带状混交，应该用复层混交及小块混交与点状混交相结合的方式。树群内，树木的组合必须很好地结合生态条件，第一层乔木应该是阳性树，第二层亚乔木可以是弱阳性的，种植在乔木庇荫下及北面的灌木应该喜阴或耐阴；喜暖的植物应该配置在树群的南方和东南方。

3）大多数园林树种均适合群植，如以秋色叶树种而言，枫香、元宝枫、黄连木等群植均可形成优美的秋色，南京中山植物园的"红枫岗"，以黄檀、榔榆、三角枫为上层乔木，以鸡爪槭、红枫等为中层形成树群，林下配置洒金珊瑚、吉祥草、土麦冬、石蒜等灌木和地被，景色优美。杭州植物园槭树杜鹃园内，也多采用群植手法。

7.林植

（1）简介。林植是大面积、大规模的成带成林状的配置方式，形成林地和森林景观。这是将森林学、造林学的概念和技术措施按照园林的要求引入自然风景区、大面积公园、风景游览区或休闲疗养区及防护林带建设中的配置方式。

（2）要求。林植一般以乔木为主，有林带、密林和疏林等形式，而从植物组成上分，又有纯林和混交林的区别，景观各异。林植时应注意林冠线的变化、疏林与密林的变化、林中树木的选择与搭配、群体内及群体与环境间的关系，以及按照园林休憩游览的要求留有一定大小的林间空地等措施。

（3）适用范围。

1）林带。林带一般为狭长带状，多用于周边环境，如路边、河滨、广场周围等。大型的林带如防护林、护岸林等可用于城市周围、河流沿岸等处，宽度随环境而变化。既有规则式的，也有自然式的。

林带多选用1～2种高大乔木，配合林下灌木组成，林带内郁闭度较高，树木成年后树冠应能交接。林带的树种选择根据环境和功能而定，如工厂、城市周围的防护林带，应选择适应性强的种类，如刺槐、杨树、白榆、侧柏等，河流沿岸的林带则应选择喜湿润的种类，如赤杨、落羽杉等，而广场、路旁的林带，应选择遮阴性好、观赏价值高的种类，如常用的有水杉、白桦、银杏、女贞、柳杉等。

2）密林。密林一般用于大型公园和风景区，郁闭度常在 0.7～1.0，阳光很少透过林下，土壤湿度很大，地被植物含水量高、组织柔软脆弱，经不起踩踏，容易弄脏衣物，不便游人活动。林间常布置曲折的小径，可供游人散步，但一般不供游人进行大规模活动。不少公园和景区的密林是利用原有的自然植被加以改造形成，如长沙岳麓山、广州越秀山等。

为了提高林下景观的艺术效果，密林的水平郁闭度不可太高，最好在 0.7～0.8，以利林下植被正常生长和增强可见度。为了能使游人深入林地，密林内部可以有自然路通过，但沿路两旁垂直郁闭度不可太大，游人漫步其中犹如回到大自然中，必要时还可以留出大小不同的空旷草坪，利用林间溪流水生，种植水生花卉，再附设一些简单构筑物，以供游人做短暂的休息或躲避风雨之用，更觉意味深长。

3）疏林。疏林常用于大型公园的休息区，并与大片草坪相结合，形成疏林草地景观。疏林的郁闭度一般为 0.4～0.6，而疏林草地的郁闭度则更低，通常在 0.3 以下。常由单纯的乔木构成，一般不布置灌木和花卉，但留出小片林间隙地，在景观上具有简洁、淳朴之美。疏林草地是园林中应用最多的一种形式，不论是鸟语花香的春天，浓荫蔽日的夏天，或是晴空万里的秋天，游人总是喜欢在林间草地上休息、游戏、看书、摄影、野餐、观景等活动，即使在白雪皑皑的严冬，疏林草地也仍然别具风味。

疏林可以与广场相结合形成疏林广场，多设置于游人活动和休息使用较频繁的环境。树木选择同疏林草地，疏林草地景观林下做硬地铺装，树木种植于树池中。树种选择时还要考虑具有较高的分枝点，以便于人员活动，并能适应因铺地造成的不良通气条件。地面铺装材料可选混凝土预制块料、花岗岩、砖材等，较少使用水泥混凝土整体铺筑。

4）花灌木。花灌木类修剪要了解树种特性及起苗方法。带土球或湿润地区带宿土的苗木及已长芽分化的春季要开花树种，少做修剪，仅是对枯枝、病虫枝剪除；当年成花的树种，可采取短截、疏剪等较强修剪，更新枝条；枝条茂密的灌丛，采取疏枝的方式去减少水分消耗并使其外密内疏，通风透光；嫁接苗木，除对接穗修剪以减少水分消耗、促成树形外，砧木萌生条一律除去，避免营养分散，导致接穗死亡。根叶发达的丛木多疏老枝，以利移植后不断更新，旺盛生长。

5）绿篱。在苗圃生产过程中基本上成形，且多土球栽植，主要是为了种植直观效果。通常在移植后进行修剪，获得较好的景观体验。

8.定植

按照设计位置，把树木永久性地栽植到绿化地点，称为定植。

（1）确定定植季节。树木定植的季节最好选在初春和秋季。一般树木在发芽之前栽植最好，但若是经过几次翻栽又是土球完整的少量树木栽种，也可在除开最热和最冷时候的其他季节中进行。如果是大量栽植树木，还是应选在春秋季节为好。

（2）定植技术要点

1）将苗木的土球或根蔸放入种植穴内，使其居中。

2）将树干立起、扶正，使其保持垂直。

3）然后分层回填种植土，填土后将树根稍向上提一提，使根群能够尽量舒展开。每填一层土就要用锄把将土插紧实，直到填满穴坑，并使土面能够盖住树木的根茎部位。

4）初步栽好后还应检查一下树干是否仍保持垂直姿态，树冠有无偏斜；若有所偏斜，就要再加扶正。

5）最后，把余下的穴土绕根茎一周进行培土，做成环形的拦水围堰。其围堰的直径应略大于种植穴的直径。堰土要拍压紧实，不能松散。

6）做好围堰后，往树下灌一次透水。灌水中树干有歪斜的，还要进行扶正。

（3）挖苗。行道树一般都是大规格的常绿或落叶乔木。挖苗前，先将苗木的枝叶用草绳围拢。起苗时，裸根苗尽量挖大、挖深一些，这样可使根系少受损伤。带土球的树，按大树移植土球规格挖起，并用草绳打好包，以保证树木的成活率。

（4）运输。行道树规格一般都较大，应随挖、随包、随运、随栽。运苗时，要注意轻装、轻放，防止出现树干擦伤、根枝折断和土球散包的情况。按苗木长距离运输的操作要求进行装车运输，保证苗木质量。

二、苗木选择

关于栽植树种及苗龄与规格，应根据设计图纸和说明书的要求进行选定，并加以编号。由于苗木的质量好坏直接影响栽植成活率和以后的绿化效果，所以植树施工前必须对提供的苗木质量状况进行调查了解。

1.苗木质量

园林绿化苗木移植前分为原生苗（实生苗）和移植苗。播后多年未移植过的苗木（或野生苗）移栽后难以成活，而经过多次适当移植的树苗，栽植施工后成活率高、恢复快，绿化效果好。

高质量的园林苗木应具备以下条件：

（1）根系发达而完整。

（2）主根短直，接近根茎一定范围内要有较多的侧根和须根，起苗后大根系应无劈裂。

（3）苗木主干粗壮直立（藤木除外），有一定的适合高度，不徒长。

（4）主侧枝分布均匀，能构成完美树冠，不偏冠。

常绿针叶树要求下部枝叶不枯萎成裸干状，干性强且无潜伏芽。某些针叶树（如某些松类、冷杉等），中央枝要有较强优势，侧芽发育饱满，顶芽有优势，无病虫害和机械损伤。

园林绿化用苗，多以应用经过多次移植的大规格苗木为宜。由于经几次移苗断根，苗木恢复再生后所形成的根系较紧凑丰满，移栽便更容易成活。一般不宜用未经移植过的实生苗和野生苗，因其吸收根系远离根茎，较粗的长根很多，掘苗时往往损伤了较多的吸收根，因此难以成活，需经一两次断根处理，或移至圃地培养才能实现应用。

生长健壮的苗木，具有适应新环境的能力，而施氮肥和浇水过多的苗木，地上部徒长，冠根比值大，也不利移栽成活和日后的适应性。

2. 苗（树）龄与规格

（1）树木的年龄对移植成活率的高低有很大影响，并与苗木成活后在新栽植地的适应性和抗逆能力有关。

（2）幼龄苗株体较小，根系分布范围小，起掘时根系损伤率低，移植过程（起掘、运输和栽植）也较简便，并可节约施工费用。由于保留须根较多，起掘过程对树体地下部与地上部的平衡破坏较小。地上部枝干经修剪留下的枝芽也容易恢复生长。栽后受伤根系再生力强，恢复期短，成活率高。

（3）幼龄苗整体上营养生长旺盛，对种植地环境的适应能力较强。但由于株体小，也就容易遭受到人畜的损伤，尤其在城市条件下，更易受到外界损伤，甚至造成死亡而缺株，影响日后的景观。如果幼龄苗规格较小，绿化效果发挥亦较差。

（4）壮、老龄树木根系分布深广，吸收根远离树干，起掘伤根率高，故移栽成活率低。为提高移栽成活率，对起、运、栽及养护技术要求较高，必须带土球进行移植，施工养护费用高。但壮、老龄树木树体高大，姿形优美，移植成活后能很快发挥绿化效果。如今，城市重点绿化工程多采用较大规格树木的栽种，但必须采取大树移植的特殊措施。

提示：

根据城市绿化的需要和环境条件特点，一般绿化工程多需用较大规格的幼、青年苗木，移栽较易成活，绿化效果发挥也较快。为提高成活率，尤宜选用在苗圃经多次移植的大苗。园林植树工程选用的苗木规格为，落叶乔木最小选用胸径 3cm 以上，行道树和人流活动频繁之处还宜更大些，常绿乔木最小应选树高 1.5m 以上的苗木。

三、苗木起挖

起苗在植树工程中是影响树木成活与生长的重要程序，起后苗木的质量差异不但与原有苗木本来的生长状况有关，而且与使用的工具锋利与否、操作者对起苗技术的熟悉和认真程度、土壤干湿情况有着直接关系，任何有偏差的起掘技术和马虎不认真的态度都可能使原为优质的苗木因为伤害过多而降低质量，甚至成为无法使用的废苗。因此，起苗的各个步骤都应做到周全、认真、合理，尽可能地保护根系，尤其是较小的侧根和须根。

1. 起苗前的准备工作

（1）苗木的选择和灌水。根据设计要求和经济条件，在苗圃选择所需规格的苗木，并进行标记，大规格树木还要用油漆对其标上生长方向。苗木质量的好坏是影响树木成活的重要因素之一，其直接影响到观赏效果。移植前必须严格选择，除按设计提出的苗木规格、树形等特殊要求外，还要注意根系是否发达、生长是否健壮、树体有无病虫害、有无机械损伤等情况。苗木数量可多选一些，以弥补出现的苗木损耗。当土壤干旱时，在起苗前几天灌水；土壤积水过湿，提前设法排水，有利于起苗操作。

（2）拢冠。苗木挖掘前对分枝较低、枝条长而比较柔软的苗木或冠丛直径较大的灌木应进行拢冠，以便挖苗和运输，并减少树枝的损伤和折裂。

对侧枝低矮的常绿树和冠形肥大的灌木，特别是带刺灌木，为方便挖掘操作，保护树冠，便于运输，应用草绳将侧枝拢起，分层在树冠上打几道横箍，分层捆住树冠的枝叶，然后用草绳自下而上将横箍连接起来，使枝叶收拢，捆绑时注意松紧度，不要折伤侧枝。

（3）起苗工具、机械与材料准备。起苗工具要保持锋利，包括铁锹、手锯、剪枝剪等；挖掘机械有挖掘机、起重机等；包装物用蒲包、草袋、草绳、塑料布、无纺布等材料。

（4）试掘。为了保证苗木的成活率，通过试起苗，摸清所需苗木的根系范围，既可以通过试掘提供数据范围，减少损伤，对土球苗木提供包装袋的规格，又可根据根幅，调节植树坑穴的规格。在正规苗圃，根据经验和育苗规格等参数即可确定起苗规格，一般可免此项工作。

2. 起苗与包装

起苗是为了给移植苗木提供成活的条件，研究和控制苗木根系规格、土球大小的目的是为了在尽可能小的挖掘范围内保留尽可能多的根系，以利于成活。起苗根系范围大，保留根量多，成活率高，但操作困难，重量大，挖掘、运输的成本高。因此，应针对不同树木种类、苗木规格和移栽季节，确定一个恰当的挖掘范围是非常必要的。

（1）乔木树种的裸根挖掘，水平有效根范围通常为主干直径的 6 ～ 8 倍，垂直分布范围为主干直径的 4 ～ 6 倍（一般 60 ～ 80cm，浅根树种 30 ～ 40cm）。带土球苗的横径为树木干径的 6 ～ 12 倍，纵径为横径的 2/3，灌木的土球直径一般为冠幅的 1/3 ～ 1/2。

（2）裸根苗起苗与包装。裸根起苗法是将树木从土壤中起出后苗木根系裸露的起苗方法。该方法适用于干径不超过 10cm 的处于休眠期的落叶乔木、灌木和藤本。这种方法的特点是操作简便，节省人力、运输及包装材料，但损伤根系较多，尤其是须根。起掘后到种植前，根系多裸露，容易失水干燥，且根系的恢复时间长。

（3）具体方法是根据树种、苗木的大小，在规格范围外进行挖掘，用锋利的掘苗工具在规格外围，绕苗四周挖掘到一定深度并切断外围侧根，然后从侧面向内深挖，并适当晃动树干，试寻树体在土壤深层的粗根，并将其切断。过粗而难断者，用手锯断之，切忌因强拉、硬切而造成其劈裂。当根系全部切断后，放倒树木，轻轻拍打外围的土块并除之。已劈裂的根系进行适当的修剪，尽量保留须根。在允许的条件下，为保其成活，根系可沾泥浆，或者在根内的一些土壤（护心土）可保留。苗木一时不能运走，可在原起苗穴内将苗木根系用湿土盖好，可暂时假植，若较长时间不能运走，集中在一地假植，并根据干旱程度适量灌水，保持覆土的湿度。

裸根苗的包装视苗木大小而定，细小苗木多按一定数量打捆，用湿草袋、无纺布包裹，内部可用湿苔藓填充，也可用塑料袋或塑料布包扎根系，减少水分丧失，大苗可用草袋、蒲包包裹。

（4）带土球苗起苗法。将苗木一定根系范围内连土掘起，削成球状，并用草绳等物包装起来，这种连苗带土一起起出的方法称为土球苗起苗法。这种方法常用于常绿树、竹类、珍贵树种、干径在 10cm 以上的落叶大树及非适宜季节栽植的树木。

土球苗起苗法主要分为以下两部分：

1）挖掘成球。先以树干为中心，按土球规格大小画出范围，保证起出土球符合标准。去表土（俗称起宝盖土），即先将范围内上层疏松表土层除去，以不伤及表层根系为准。

沿外围边缘向下垂直挖沟，沟宽以便于操作为宜，宽 50 ~ 80cm。随挖随修正土球表面，露出土球的根系用枝剪、手锯去除。不要踩、撞土球的边缘，以免损伤土球，直到挖到土球纵径深度。

掏底，即土球修好后，再慢慢由底圈向内掏挖，直径小于 50cm 的土球可以直接将底土掏空，剪除根系，将土球抱出坑外包装；大于 50cm 的土球过重，掏底时应将土球下方中心保留一部分支柱土球，以便在坑中包装。北方地区土壤冻结很深的地方，起出的是冻土球，若及时运输，也可不进行包装。

2）打捆包装。土球的包装方法取决于树体的大小、根系盘结程度、土壤质地及运输的距离等。具体程序如下：

土球直径在 30 ~ 50cm 的一律要包装，以确保土球不散。包装的方法很多，最简单的是用草绳上下缠绕几圈，成为简易包或"西瓜皮"包装法。将土球放在蒲包、草袋、无纺布等包装材料上，将包装材料向上翻，包裹土球，再用草绳绕基干扎牢、扎紧。

土质黏重成球的，可用草绳沿径向缠绕几道，再在中部横向扎一道，使径向草绳固定即可。如果土球较松，在坑内包装，以免移动造成土球破碎。一般运输距离较近、土球紧实或较小的也可不必包装。

直径 50cm 以上的土球，土球过大，无论运输距离远近，一律进行包装，以确保土球不散，但包装方法和程序上各有不同。具体方式有井字式、五角星式和橘子式包装 3 种。

四、运苗

（1）大量苗木同时出圃时，在装运前，应核对苗木的种类与规格。此外还需仔细检查起掘后的苗木质量，对已损伤不符合要求的苗木应淘汰，并补足苗数。

（2）车厢内应先垫上草袋等物，以防车板磨损苗木。乔木苗装车应根系向前，树梢向后，按照顺序排放，不要压得太紧，做到上不超高（以地面车轮到苗最高处不许超过 4m），树梢不得拖地（必要时可垫蒲包用绳吊拢）；运输距离较远时，应间断喷水。根部应用苫布盖严，并用绳捆好。

提示：

带土球苗装运时，苗高不足 2m 者可立放，苗高 2m 以上的应使土球在前，梢向后。呈斜放或平放，并用木架将树冠架稳；土球直径小于 20cm 的，可装 2 ～ 3 层，并应装紧，防车开时晃动；土球直径大于 20cm 者，只许放一层。运苗时，土球上不许站人或压放重物。

（3）树苗应有专人跟车押运，经常注意苫布是否被风吹开。短途运苗，中途最好不停留；长途运苗，裸露根系易吹干，应注意洒水。休息时车应停在阴凉处，防风吹日晒。

（4）苗木运到应及时卸车，要求轻拿轻放，对裸根苗不应该抽取，更不许整车推下。经长途运输的裸根苗木，根系较干者，应浸水 1 ～ 2 天。带土球小苗应抱球轻放，不应提拉树干。较大土球苗，可用长而厚的木板斜搭于车厢，将土球移到板上，顺势平滑卸下，不能滚卸，以免土球破碎，也可用机械吊卸。

（5）运苗过程常易引起苗木根系吹干和磨损枝干，尤其长途运苗时更应注意保护。

五、苗木假植

1. 带土球苗木假植

假植时可将苗木的树冠捆扎收缩起来，使每一棵树苗都是土球挨土球、树冠靠树冠，密集地挤在一起。然后，在土球层上面铺一层壤土，填满土球间的缝隙；再对树冠及土球均匀地洒水，使土面湿透，之后仅保持湿润就可以了。或者，把带着土球的苗木临时性地栽到一块绿化用地上，土球埋入土中 1/3 ～ 1/2 深，株距则视苗木假植时间长短和土球、树冠的大小而定。一般土球与土球之间相距 15 ～ 30cm 即可。苗木成行列式栽好后，浇水保持一定湿度即可。

2. 裸根苗木假植

对裸根苗木，一般采取挖沟假植方式。先要在地面挖浅沟，沟深 40 ～ 60cm。然后将裸根苗木一棵棵紧靠着呈 30° 斜栽到沟中，使树梢朝向西边或朝向南边。如树梢向西，开沟的方向为东西向；若树梢向南，则沟的方向为南北向。苗木密集斜栽好以后，在根茎上分层覆土，层层插实。以后需要经常对枝叶喷水，保持湿润。

不同的苗木假植时，最好按苗木种类、规格分区假植，以方便绿化施工。假植区的土质不宜太泥泞、地面不能积水，在周围边沿地带要挖沟排水。假植区内要留出起运苗木的通道。在太阳光特别强烈的日子里，假植苗木上面应该设置遮光网，以减弱光照强度。

六、定点放线、穴位挖掘

1. 定点放线

（1）规则式定点放线。在规则形状的地块上进行规则式乔灌木栽植时，采用规则式定点放线的办法。

1）首先选用具有明显特征的点和线，如道路交叉点、中心线、建筑外墙的墙角和墙脚线、规则形广场和水池的边线等，这些点和线一般都是不会轻易改变的。

2）依据这些特征点线，利用简单的直线丈量法和三角形角度交会法，就可将设计的每一行树木栽植点的中心连线和每一棵树的栽植位点都测设到绿化地面上。

3）在已经确定的种植位点上，可用白灰做点，标示出种植穴的中心点。或者在大面积、多树种的绿化场地上，还可用小木桩钉在种植位点上，作为种植桩。种植桩上要写上树种代号，以免施工中造成树种的混乱。

4）在已定种植点的周围，还要以种植点为圆心，按照不同树种对种植穴半径大小的要求，用白灰画圆圈，标明种植穴挖掘范围。

（2）自然式定点放线。对于在自然地形上按照自然式配植树木的情况，一般要采用坐标方格网方法。

1）定点放线前，首先需要在种植设计图上绘出施工坐标方格网。

2）然后用测量仪器将方格网的每一个坐标点测设到地面，再钉下坐标桩。

3）依据各方格坐标桩，采用直线丈量和角度交会法，测设出每一棵树木的栽植位点。

4）测定下来的栽植点，也用作画圆的圆心，按树种所需穴坑大小，用石灰粉画圆圈，定下种植穴的挖掘线。

2. 穴位挖掘

（1）种植穴大小。种植穴的大小一般取其根茎直径的 6 ~ 8 倍，如根茎直径为 10cm，则种植穴直径大约为 70cm。但是，若绿化用地的土质太差，又没经过换土，种植穴的直径则还应该大一些。种植穴的深度，则应略比苗木根茎以下土球的高度更深一点。

（2）种植穴形状。种植穴的形状一般为直筒状，穴底挖平后把底土稍耙细，保持平底状。注意：穴底不能挖成尖底状或锅底状。

（3）回填土挖穴。在新土回填的地面挖穴，穴底要用脚踏实或夯实，以免后来灌水时渗漏速度太快。

（4）斜坡上挖穴。在斜坡上挖穴时，应先将坡面铲成平台，然后再挖种植穴，而穴深则按穴口的下沿计算。

（5）去杂或换土。挖穴时若土中含有少量碎块，就应除去碎块后再用；挖出的坑土若含碎砖、瓦块、灰团太多，就应另换好土栽树。如果挖出的土质太差，也要换成客土。

（6）特殊情况处理。在开挖种植穴过程中，如发现有地下电缆、管道，应立即停止作业，马上与有关部门联系，查清管线的情况，商量解决办法。如遇有地下障碍物严重影响操作，可与设计人员协商移位重挖。

（7）用水浸穴。在土质太疏松的地方挖种植穴，于栽树之前可先用水浸穴，使穴内土壤先行沉降，以免栽树后沉降使树木歪斜。浸穴的水量，以一次灌到穴深的2/3处为宜。浸穴时如发现有漏水地方，应及时堵塞。待穴中全部均匀地浸透以后，才能开始种树。

（8）上基肥。种植穴挖好之后，一般情况下就可直接种树。但若种植土太瘠薄，就要在穴底垫一层基肥，基肥层以上还应当铺一层厚5cm以上的土壤。基肥尽可能选用经过充分腐熟的有机肥，如堆肥、厩肥等。条件不允许时，一般施些复合肥，或根据土壤肥力有针对性地选用氮、磷、钾肥。

七、修剪

园林树木栽植修剪的目的，主要是为了提高成活率和注意培养树形，同时减少自然伤害。因此，在不影响树形美观的前提下应对树冠和根系进行适当修剪。

1. 根系修剪

起运后苗木根系的好坏不仅直接影响树木的成活率，而且也影响将来的树形和同龄苗恢复生长后的大小是否趋于一致，尤其会影响行道树大小的整齐程度。无论出圃时对苗木是否进行过修剪，栽植时都必须进行修剪，因为在运输过程中苗木多少会有损伤。所以应对已劈裂、严重磨损和生长不正常的偏根及过长根进行修剪。

2. 枝干修剪

经起运的苗木，根系损伤过多者，虽可用重修剪，甚至截干平茬，在低水平下维持水分代谢的平衡来保证成活，但这样就难保树形和绿化效果了。因此对这种苗木，如在设计上有树形要求时，则应予以淘汰。

提示：

修剪的时间与不同树种、树体及观赏效果有关。高大乔木在栽植前进行修剪，植后修剪困难。花灌木类枝条细小的植后修剪，便于控制树形形状。茎枝粗大，需用手锯的可植前修剪，带刺类植前修剪效果好。绿篱类需植后修剪，以保景观效果。

苗木根系经起苗、运输会受到损伤，因为保证栽植成活是首要条件，所以在整体上应适当重剪，这是带有补救性的整形任务。具体应根据情况，对不同部分进行轻重结合修剪，才能达到上述目的。

不同树木种类在修剪时应遵循树种的基本特点，不能违背其自然生长的规律。修剪方法、修剪量因不同树种、不同景观要求有所不同。

（1）落叶乔木。长势较强、萌芽力强的树种，如杨、柳、榆、槐、悬铃木等可进行强修剪，树冠至少剪去 1/2 以上，以减轻根系负担，保持树体的水分平衡，减弱树冠的招风、摇动，提高树体的稳定性。凡具有中央领导干的树种应尽量保护或保持中央领导干，采用削枝保干的修剪法，疏除不保留的枝条，对主枝适当重截饱满芽处（剪短 1/3 ~ 1/2），对其他侧生枝条可重截（剪短 1/2 ~ 2/3）或疏除。这样既可做到保证成活，又可保证日后形成具有明显中干的树形。顶端枝条以 15°角修剪，以防灰尘积累和病菌繁殖。中心干不明显的树种，选择直立枝代替中心干生长，通过疏剪或短截控制与直立枝条竞争的侧生枝；有主干无中心干的树种，主干部位枝的树枝量大，可在主干上保留几个主枝，其余疏剪。

对于小干的树种，同上述方法类似，以保持数个主枝优势为主，适当保留二级枝，重截或疏去小侧枝。对萌芽率强的可重截，反之宜轻截。

（2）常绿乔木。常绿树可用疏枝、剪半叶或疏去部分叶片的办法来减少蒸腾；对其中具潜伏芽的，也可适当短截；对无潜伏芽的（如雪松），只能用疏枝、叶的办法；枝条茂密的常绿阔叶树种，通过适量的疏枝保持树木冠形和树体水分、平衡代谢，下部根据主干高度要求利用疏枝办法调整枝下高度；常绿针叶树不宜过多地进行修剪，只需剪除病虫枝、枯死枝、衰弱枝及过密的轮生枝及下垂枝；珍贵树种尽量酌情疏剪和短截，以保持树冠原有形状。

对行道树的修剪还应注意分枝点应保持在 2.5m 以上，相邻树的分枝点要相近。较高的树冠应于种植前修剪，低矮树可栽后修剪。

第二节　花坛、花境、花台

一、花坛

1. 花坛的类型

根据形状、组合以及观赏特性不同，花坛可分为多种类型，在景观空间构图中可用作主景、配景或对景。根据外形轮廓可分为规则式、自然式和混合式；按照种植方式和花材观赏特性可分为盛花花坛、模纹花坛；按照设计布局和组合可分为独立花坛、带状花坛和花坛群等。从植物景观设计的角度，一般按照花坛坛面花纹图案分类，分为盛花花坛、模纹花坛、造型花坛、造景花坛等。

（1）盛花花坛。盛花花坛主要由观花草本花卉组成，表现花盛开时群体的色彩美。这种花坛在布置时不要求花卉种类繁多，而要求图案简洁鲜明，对比度强。常用植物材料有一串红、旱小菊、鸡冠花、三色堇、美女樱、万寿菊等。独立的盛花花坛可做主景应用，设立于广场中心、建筑物正前方、公园入口处、公共绿地等。

（2）模纹花坛。模纹花坛主要由低矮的观叶植物和观花植物组成，表现植物群体组成的复杂的图案美。包括毛毡花坛、浮雕花坛和时钟花坛等形式。毛毡花坛由各种植物组成一定的装饰图案，表面被修剪得十分平整，整个花坛好像是一块华丽的地毯；浮雕花坛的表面是根据图案要求，将植物修剪成凸出和凹陷的式样，整体具有浮雕的效果；时钟花坛的图案是时钟纹样，上面装有可转动的时针。模纹花坛常用的植物材料有五色苋、彩叶草、香雪球、四季海棠等。模纹花坛可作为主景应用于广场、街道、建筑物前、会场、公园、住宅小区的入口处等地方。

（3）标题式花坛。标题式花坛在形式上与模纹花坛一样，只不过是表现的形式主题不同。模纹花坛以装饰性为目的，没有明确的主题思想。而标题式花坛则是通过不同色彩植物组成一定的艺术形象，表达其思想性，如文字花坛、肖像花坛、象征图案花坛等。选用植物与模纹花坛一样。标题式花坛通常设置在坡地的斜面上。

（4）造型花坛。造型花坛又叫立体花坛，即用花卉栽植在各种立体造型物上而形成竖向造型景观。造型花坛可创造不同的立体形象，如动物（孔雀、龙、凤、熊猫等）、人物（孙悟空、唐僧等）或实物（花篮、花瓶、亭、廊），通过骨架和各种植物材料组装而成。因此，一般作为大型花坛的构图中心，或造景花坛的主要景观，也有的独立应用于街头绿地或公园中心，如可以布置在公园出入口、主要路口、广场中心、建筑物前等游人视线的焦点上成为对景。

（5）造景花坛。造景花坛是以自然景观作为花坛的构图中心，通过骨架、植物材料和其他设备组装成山、水、亭、桥等小型山水园或农家小院等景观的花坛。最早应用于天安门广场的国庆花坛布置，主要为了突出节日气氛，展现祖国的建设成就和大好河山，目前也被应用于园林中的临时造景。

（6）草坪花坛。草坪花坛是以草地为底色，配置1年生或2年生花卉或宿根花卉、观叶植物等。草坪花坛既可是花丛式，也可是模纹式。在园林布置中，草坪花坛既点缀了草地，又起着花坛的作用。

2. 花坛的功能

（1）美化功能。花坛常在园林构图中作为主景或配景，其具有美化环境的作用。在花坛中，各种各样盛开的花卉给现代城市增添了缤纷的色彩，有些花卉还可随季节更替产生形态和色彩上的变化，可以达到很好的环境效果和心理效应。因此，花坛协调了人与城市环境的关系，提高了人们艺术欣赏的兴趣。

（2）装饰功能。花坛有时作为配景起到装饰的作用，往往设置在一座建筑物的前庭或内庭，以美化衬托建筑物。对一些硬质景观，如水池、纪念碑、山石小品等，可以起到陪衬装饰的作用，并且增加了其艺术的表现力和感染力。此外，作为基础装饰的花坛不能喧宾夺主，位置要选择合理。

（3）分隔空间功能。花坛也是分隔空间一种艺术处理手法，在城市道路设置不同形式的花坛，可以获得似隔非隔的效果。一些带形的花坛则起到划分地面、装饰道路的作用，因此，同时在一些地段设置花坛，既可以充实空间，又可以增添环境美。

（4）组织交通功能。在分车带或道路交叉口设立坛体可以起到分流车辆或人员的作用，从而提高驾驶员的注意力，给人一种安全感。例如，在风景名胜区庐山牯岭正街路口设置的花坛，正是美化环境和组织交通的成功一例。

（5）渲染气氛功能。在过年、过节期间，运用具有大量有生命色彩的花卉组成花坛来装点街景，无疑增添了节日的喜庆热闹气氛。在一些著名景区中，各种花坛及花卉造型千姿百态，百花争艳，美不胜收，给景区增添了无限风光。

（6）生态保护功能。花卉不仅可以消耗二氧化碳，供给氧气，而且可吸收氯、氟、硫、汞等有毒物质，因此可以称得上是净化空气的"天然工厂"。此外，有的鲜花具有香精油，其芳香的气味有抗菌的作用，飘散在空气中可以杀死结核杆菌、肺炎球菌、葡萄球菌等，还可以预防感冒，减少呼吸系统疾病的发生。

花坛大多布置在广场、庭院、大门前，道路中央、两侧、交叉点等处，是园林绿地中一些重点地区节日装饰的主要花卉布置类型。

3. 花坛常用花卉

常用作花坛中心的花材还有苏铁、龙舌兰、三角花、橡皮树、蒲葵、桂花等。

4. 花坛施工技术要点

（1）平面花坛

1）整地。花坛施工，整地是关键之一。翻整土地深度，一般为 35 ~ 45cm。整地时，要拣出石头、杂物、草根。若土壤过于贫瘠，则应换土，施足基肥。花坛地面应疏松平整，中心地面应高于四周地面，以避免渍水。根据花坛的设计要求，要整出花坛所在位置的地表形状，如半球面形、平面形、锥体形、一面坡式、龟背式等。

2）放样。按设计要求整好地后，根据施工图样上的花坛图案原点、曲线半径等，直接在上面定点放样。放样尺寸应准确，用灰线标明。对中、小型花坛，可用麻绳或钢丝按设计图摆好图案模纹，画上印痕撒灰线。对图纹复杂、连续和重复图案模纹的花坛，可按设计图用厚纸板剪好大样模纹，按模型连续标好灰线。

3）栽植。裸根苗起苗前，应先给苗圃地浇 1 次水，让土壤有一定的湿度，以免起苗时伤根。起苗时，应尽量保持根系完整性，并根据花坛设计要求的植株高矮和花色品种进行掘取，随起随栽。栽植时，应按先中心后四周、先上后下的顺序栽植，尽量做到栽植高矮一致，无明显间隙。模纹式花坛，则应先栽图案模纹，然后填栽空隙。植株的栽植，过稀过密都达不到丰满茂盛的艺术效果。栽植过稀，植株缓苗后黄土裸露而削减观赏效果。栽植过密，植株没有继续生长的空间，以致相互拥挤，通风透光条件差，出现脚叶枯黄甚至霉烂。栽植密度应根据栽植方式、植物种类、分蘖习性等差异，合理确定其株行距。

带土球苗，起苗时要注意土球完整，根系丰满。若土壤过于干燥，可先浇水，再掘取。若用盆花，应先将盆托出，也可连盆埋入土中，盆沿应埋入地面。一般花坛，有的也可将种子直接播入花坛苗床内。

苗木栽植好后，要浇足定根水，使花苗根系与土壤紧密结合，保证其成活率。平时还应除草，剪除残花枯叶，保持花坛整洁美观。要及时杀灭病虫害，补栽缺株。对模纹式花坛，还应经常整形修剪，保持图案清晰、美观。

活动式花坛植物栽植与平面式花坛基本相同，不同的是活动式花坛的植物栽植，在一定造型的可移动的容器内可随时搬动，组成不同的花坛图案。

（2）立体花坛。立体花坛是在立体造型的骨架上，栽植组成的各种植物艺术造型。

1）花坛的制作。立体花坛一般由木料、砖、钢筋等材料，按设计要求、承载能力和形态效果，做成各种艺术形象的骨架胎模。骨架扎制技术，直接影响花坛的艺术效果。因此，骨架的制作，必须严格按设计技术要求，精心扎制。

2）栽植土的固定。花坛骨架扎制好后，按造型要求，用细钢丝网或窗纱网或尼龙线网将骨架覆裹固定。视填土部位留1个或几个填土口，用土将骨架填满，然后将填土口封好。

3）栽植。立体花坛的主要植物材料，通常选用五色草。栽植时，用1根钢筋或竹竿制作成的锥子，在钢丝网上按定植距离，锥成小孔，将小苗栽进去。由上而下、由内而外顺序栽植。栽植完后，按设计图案要求进行修剪，使植株高度一致。每天喷水1～2次，保持土壤湿润。

提示：

1）立体花坛在施工时，要求花坛植物在色彩、表现形式、主题思想等因素方面能与环境相协调。把握好花坛与周围环境的关系，即花坛与建筑物的关系、花坛与道路的关系、花坛与周围植物的关系。当立体花坛作为主景建造时，首先必须与主要建筑物的形式和风格取得一致性。例如，中国庭园式的建筑若是配上以线条构成的现代西方流行的几何图形和立体造型，就会失去原有的协调性，而不能取得满意的效果。

2）施工时，立体花坛还必须在大小上和主建筑构成一定的比例，同时花坛的轴线还要与建筑物的轴线相协调，不能各行其道。根据建筑物的需要，立体花坛的设置可以采用对称形和自然形的布置。

3）立体花坛的施工还要考虑花色上的搭配。主要从两个方面来考虑，一是色彩的属性，二是色彩的配合。要点是各种色彩的比例、对比色的应用、深浅色彩的运用、中间色的运用、冷暖色的运用、花坛色彩和环境色彩之间的搭配运用等。

4）施工完成后的立体花坛要醒目、突出，能给人一种耳目一新的感觉，可以在原来的基础上突出色彩的表现，或者是造型上的表现。立体花坛在施工时，其花卉的色彩切忌与背景颜色混淆，趋于同一色调，倘若花坛设在一片绿色树林的前面，则不妨以鲜艳的红、橙、黄或中性色彩作为装饰。

（3）模纹花坛造景。模纹花坛表现的是植物的群体美。模纹花坛主要包括毛毡花坛、结彩花坛和浮雕花坛等类型。

1）整地翻耕。模纹花坛的整地翻耕，除了按照平面花坛的要求进行外，其平整要求更高，主要是为了防止花坛出现下沉和不均匀的现象，并且在施工时应增加1~2次的碾压。

2）上顶子。"上顶子"是指在模纹花坛的中心栽种龙舌兰、苏铁和其他球形盆栽植物，也可在中心地带布置高低层次不同的盆栽植物等。

3）定点放线。上顶子的盆栽植物种好后，先将花坛的其他面积翻耕均匀、耙平，然后按照图纸的纹样进行精确的放线。一般可以先将花坛表面等分为若干份，再分块按照图纸的花纹用白色的细沙撒在所划的花纹线上。同时，也有先用钢丝、胶合板等制成图案纹样，再用它在地表面上打样的方法去进行。

4）栽植。栽植时，一般按照图案花纹采用先里后外、先左后右的顺序，先栽主要的纹样，再逐次栽其他的。如果是面积大的花坛，栽植困难，就可以先搭格板或扣木匣子，然后操作人员踩在格板或木匣子上进行栽植。栽种前，尽可能先用木槌插好眼，再将花草插入眼内用手按实，定位比较精确。栽植后的效果要求做到苗齐，而且使地面达到"上看一平面，纵看一条线"的效果。为了突出浮雕的效果，施工人员可以事先用土做出型坯来，再把花草栽到起鼓处，形成起伏状。栽植时的株行距要视五色草的大小而定，一般要求白草的株行距为3~4cm，大叶红草的株行距为5~6cm，小叶红草、绿草的株行距为4~5cm。模纹花坛的平均种植密度为每平方米栽草250~280株，最窄的纹样是栽白草不少于3行，绿草、黑草、小叶红不少于两行。此外，花坛镶边植物如香雪球、火绒子等栽植宽度为20~30cm。

5）修剪和浇水。修剪是保证图案花纹效果的关键所在。草栽好后可以先进行1次修剪，再将草压平，以后每隔15~20天再修剪1次。修剪的方法有两种：一是平剪，即把纹样和文字都剪平，保持顶部略高一些，边缘略低的样式；另一种则是浮雕形，即把纹样修剪成浮雕状，中间草高于两边的。

提示：

浇水工作不仅要及时，还要仔细。除栽好后浇1次透水外，以后每天早晚各喷1次水，保持正常需要。

5. 花坛的管理

（1）浇水。花坛栽植完成后，要注意经常浇水保持土壤湿润，浇水宜在早晚时间。

（2）中耕除草。花苗长到一定高度，出现了杂草时，要进行中耕除草，并剪除黄叶和残花。

（3）病虫害防治。若发现有病虫滋生，要立即喷药杀除。

（4）补栽。如花苗有缺株，应及时补栽。

（5）整形修剪。对模纹、图样、字形植物，要经常进行整形修剪，保持整齐的纹样，不使图案杂乱。修剪时，为了不踏坏花卉图案，可利用长条木板凳放入花坛，在长凳上进行操作。

（6）施肥。对花坛上的多年生植物，每年要施肥2~3次；对一般的一两年生草花，可不再施肥；如确有必要，也可以进行根外追肥，方法是用水、尿素、磷酸二氢钾、硼酸按15000∶8∶5∶2的比例配制成营养液，喷洒在花卉叶面上。

（7）花卉更换。当大部分花卉都将枯谢时，可按照花坛设计中所制订的花卉轮替计划，换种其他花卉。

二、花境

花境是以宿根和球根花卉为主，结合一两年生草花和花灌木，沿花园边界或路缘布置而成的一种园林植物景观，亦可点缀山石、器物等。花境外形轮廓多较规整，通常沿某一方向做直线或曲折演进，而其内部花卉的配置成丛或成片，自由变化。

花境源自欧洲，是从规则式构图到自然式构图的一种过渡和半自然式的带状种植形式。它既表现了植物个体的自然美，又展现了植物自然组合的群落美。一次种植可多年使用，不需经常更换，能较长时间保持其群体自然景观，具有较好的群落稳定性，色彩丰富，四季有景。花境不仅增加了园林景观，还有分割空间和组织游览路线的作用。

1.花境的类型

（1）从设计形式上分：

1）花境主要有单面观赏花境、双面观赏花境和对应式花境3类。

2）单面观赏花境是传统的花境形式，多临近道路设置，常以建筑物、矮墙、树丛、绿篱等为背景，前面为低矮的边缘植物，整体上前低后高，供一面观赏。

3）双面观赏花境没有背景，多设置在草坪上或树丛间及道路中央，植物种植是中间高两侧低，供双面观赏。

4）对应式花境是在园路两侧、草坪中央或建筑物周围设置相对应的两个花境，这两个花境呈左右二列式，在设计上统一考虑，作为一组景观，多采用拟对称的手法，以求有节奏和变化。

（2）从植物选择上分，可分为宿根花卉花境、球根花卉花境、灌木花境、混合式花境、专类花卉花境5类。

1）宿根花卉花境由可露地越冬的宿根花卉组成，如芍药、萱草、鸢尾、玉簪、蜀葵、荷包牡丹、耧斗菜等。

2）球根花卉花境栽植的花卉为球根花卉，如百合、郁金香、大丽花、水仙、石蒜、美人蕉、唐菖蒲等。

3）灌木花境应用的观赏植物为灌木，以观花、观叶或观果的体量较小的灌木为主，如迎春、月季、紫叶小檗、榆叶梅、金银木、映山红、石楠。

4）混合式花境以耐寒宿根花卉为主，配置少量的花灌木、球根花卉或一两年生花卉。这种花境季相分明，色彩丰富，多见应用。

5）专类花卉花境由同一属不同种类或同一种不同品种植物为主要种植材料，要求花期、株形、花色等有较丰富的变化，如鸢尾类花境、郁金香花境、菊花花境、百合花境等。

2. 花境的功能

花境是模拟自然界中林地边缘地带多种野生花卉交错生长的状态，运用艺术手法设计的一种花卉应用形式。花境是一种带状布置形式，适合周边设置，能充分利用绿地中的带状地段，创造出优美的景观效果，可设置在公园、风景区、街心绿地、家庭花园、林荫路旁等。

作为一种自然式的种植形式，花境也极适合用于园林建筑、道路、绿篱等人工构筑物与自然环境之间，起到由人工到自然的过渡作用，软化建筑的硬线条，丰富的色彩和季相变化可以活化单调的绿篱、绿墙及大面积草坪景观，起到很好的美化装饰效果。

3. 花境常用植物

常用于花境的花灌木有南天竹、凤尾竹、日本五针松、倒挂金钟、八仙花、棣棠、月季、金钟花、珍珠梅、金丝桃、杜鹃花、蜡梅、棕竹、朱蕉、变叶木、十大功劳、红枫、龙舌兰、苏铁、铺地柏、山茶、矮生紫薇、贴梗海棠等。有些用于花坛的花卉也适于花境，如沿阶草、水仙、毛地黄、郁金香、美人蕉、葱莲、韭莲、大丽花等。

三、花台

在高于地面的空心台座（一般高40～100cm）中填土或人工基质并栽植观赏植物，称为花台。

1. 花台特点

花台面积较小，适合近距离观赏，有独立花台、连续花台、组合花台等类型，以植物的形体、花色、芳香及花台造型等综合美为观赏要素。花台的形状各种各样，多为规则式的几何形体，如正方形、长方形、圆形、多边形，当然也有自然形体的。

花台中的植物材料，最好选用花期长、小巧玲珑、花多枝密、易于管理的草本和木本花卉，也可和形态优美的树木配置在一起。常用的有一叶兰、玉簪、芍药、土麦冬、三色堇、孔雀草、菊花、日本五针松、梅、椰榆、小叶榕、杜鹃花、牡丹、山茶、黄杨、竹类、铺地柏、福禄考、金鱼草、石竹等。植床有固定式和可移动式两种，材料可以用石材、砖砌饰面，也可用玻璃钢（环氧树脂）做成可移动的花台。

2. 花台类型

（1）规则形花台

1）花台台座外形轮廓为规则几何形体，如圆柱形、棱柱形以及具有几何线条的物体形状（如瓶状、碗状）等。其常用于规则式绿地的小型活动休息广场、建筑物前、建筑墙基、墙面（又称花斗）、围墙墙头等。用于墙基时多为长条形。

2）规则形花台可以设计为单个花台，也可以由多个台座组合设计成组合花台。组合花台可以是平面组合（各台座在同一地面上），也可以是立体组合（各台座位于不同高度，高低错落）。立体组合花台设计既要注意局部造型的变化，又要考虑花台整体造型的均衡和稳定。

3）规则形花台还可与座椅、雕塑等景观和设施结合起来设计，创造多功能的景观。规则形花台台座一般用砖砌成一定几何形体，然后用水泥砂浆粉刷，也可用水磨石、马赛克、大理石、花岗岩、贴面砖等进行装饰。还可用块石干砌，显得自然、粗犷或典雅、大方。立体组合花台台座有时需用钢筋混凝土浇筑，以满足特殊造型与结构要求。

4）规则形花台台座一般比花坛植床造型华丽，以提高观赏效果，但不能喧宾夺主，偏离花卉造景设计的主题。除选用草花外，也较多运用小型花灌木和盆景植物，如月季、牡丹、迎春、日本五针松等。

（2）自然形花台。

1）花台台座外形轮廓为不规则的自然形状，多采用自然山石叠砌而成。我国古典庭园中的花台大多数为自然形花台。台座材料有湖石、黄石、宣石、英石等，常与假山、墙脚、自然式水池等相结合，也可单独设置于庭院中。

2）自然形花台设计时可自由灵活，高低错落，变化有致，与环境中的自然风景协调统一。台内种植小巧玲珑、形态别致的草本或木本植物，如沿阶草、石蒜、萱草、松、竹、梅、牡丹、芍药、南天竹、月季、玫瑰、丁香、菊花等，还可适当配置点缀一些山石，如石笋石、斧劈石、钟乳石等，创造具有诗情画意的园林景观。

第三节　草坪与地被植物

一、草坪

1. 草坪简介

草坪是指有一定设计、建造结构和使用目的的人工建植的草本植物形成的坪状草地，具有美化和观赏效果，或供休闲、游乐和体育运动等用处。按照用途，草坪可分为以下几种类型：

2. 草坪的类型

（1）游憩性草坪。一般建植于医院、疗养院、机关、学校、住宅区、公园及其他大型绿地之中，供人们工作、学习之余休息和开展娱乐活动。这类草坪多采取自然式建植，没有固定的形状，大小不一，允许人们入内活动，管理较松散。选用的草种适应性要强，耐践踏，质地柔软，叶汁不易流出，避免污染衣服。面积较大的游憩性草坪要考虑配置一些乔木树种以供遮阴，也可点缀石景、园林小品及花丛、花带。

（2）观赏性草坪。园林绿地中专供观赏的草坪，也称装饰性草坪。其常铺设在广场、道路两边或分车带中、雕像、喷泉或建筑物前以及花坛周围，独立构成景观或对其他景物起装饰衬托作用。这类草坪栽培管理要求精细，严格控制杂草生长，有整齐美观的边缘并多采用精美的栏杆加以保护，仅供观赏，不能入内游乐。草种要平整、低矮、绿色期长、质地优良，为提高观赏性，还可配置一些草本花卉，形成缀花草坪。

（3）运动场草坪指专供开展体育运动的草坪，如高尔夫球场草坪、足球场草坪、网球场草坪、赛马场草坪、垒球场草坪、滚木球场草坪、橄榄球场草坪、射击场草坪等。此类草坪管理精细，要求草种韧性强、耐践踏，并耐频繁修剪，形成均匀整齐的平面。

（4）环境保护草坪。这类草坪主要是为了固土护坡，覆盖地面，起保护生态环境的作用。如在铁路、公路、水库、堤岸、陡坡处铺植草坪，可以防止雨水冲刷引起水土流失情况，对路基和坡体起到良好的防护作用。这类草坪的主要目的是发挥其防护和改善生态环境的功能，要求草种适应性强、根系发达、草层紧密、抗旱、抗寒、抗病虫害能力强，耐粗放管理。

（5）其他草坪。这里指一些特殊场所应用的草坪，如停车场草坪、人行道草坪。建植时多用空心砖铺设停车场或路面，在空心砖内填土建植草坪，这类草坪要求草种适应能力强、耐高度践踏和干旱。

3. 草坪常用草

根据草坪植物对生长适宜温度的不同要求和分布的地域，可以将其分为暖季型草坪草和冷季型草坪草，但即使是同一类型的草坪草，其耐践踏、耐寒、耐热等特性仍有较大差别。

（1）暖季型草坪草。又称夏绿型草，其主要特点是早春返青后生长旺盛，进入晚秋遇霜茎叶枯萎，冬季呈休眠状态，最适生长温度为 26 ~ 32℃。这类草种在我国适合于黄河流域以南的华中、华南、华东、西南广大地区，有的种类耐寒性较强，如结缕草、野牛草、中华结缕草，在华北地区也能良好生长。

常用的暖季型草还有狗牙根、地毯草、爱芬地毯草、细叶结缕草、沟叶结缕草、大穗结缕草、假俭草、百喜草等。

（2）冷季型草坪草，也称寒地型草，其主要特征是耐寒性强，冬季常绿或仅有短期休眠，不耐夏季炎热高湿，春、秋两季是最适宜的生长季节。适合我国北方地区栽培，尤其适应夏季冷凉的地区，部分种类在南方也能栽培。

常用的冷季型草有草地早熟禾、加拿大早熟禾、苇状羊茅、高羊茅、紫羊茅、细羊茅等。

4. 草坪植物的选择原则

草坪植物的选择应依草坪的功能与环境条件而定。游憩活动草坪和运动场草坪应选择耐践踏、耐修剪、适应性强的草坪草，如狗牙根、结缕草、沟叶结缕草等；干旱少雨地区要求草坪草具有耐旱、抗病性强等特性，如假俭草、狗牙根、野牛草等，以减少草坪养护成本；观赏草坪则要求草坪植株低矮，叶片细小美观，叶色翠绿且绿叶期长等，如天鹅绒、早熟禾、沟叶结缕草、紫羊茅等，此外还可选用块茎燕麦、斑叶藕草等叶面具有条纹的观赏草种；护坡草坪要求选用适应性强、耐干旱瘠薄、根系发达的草种，如结缕草、白三叶、百喜草、假俭草等；湖畔河边或地势低凹处应选择耐湿草种，如剪股颖、细叶苔草、假俭草、两耳草等；树下及建筑阴影环境选择耐阴草种，如两耳草、细叶苔草、羊胡子草等。

5. 草坪的配置

（1）草坪做基调。绿色的草坪是城市景观最理想的基调，是园林绿地的重要组成部分，在草坪中心配置雕塑、喷泉、纪念碑等建筑小品，可以用草坪衬托出主景物的雄伟。如同绘画一样，草坪是画面的底色和基调，而色彩艳丽、轮廓丰富、变化多样的树木、花卉、建筑、小品等，则是主角和主调。如果园林中没有绿色的草坪做基调，这些树木、花卉、建筑、小品无论色彩多么绚丽、造型多么精致，由于缺乏底色的对比与衬托，便得不到统一的美感，就会显得杂乱无章，景观效果明显下降。目前，许多大中城市都辟建面积较大的公园休息绿地、中心广场绿地，借助草坪的宽广，烘托出草坪中心的纪念碑、喷泉、雕塑等景物的雄伟。但要注意不要过分应用草坪，特别是缺水城市更应注意适当应用。

（2）草坪做主景。草坪以其平坦、致密的绿色平面，能够创造开朗柔和的视觉空间，具有较高的景观作用，可以作为园林的主景进行配置。如在大型的广场、街心绿地和街道两旁，四周是灰色硬质的建筑和铺装路面，缺乏生机和活力，铺植优质草坪，形成平坦的绿色景观，对广场、街道的美化装饰具有极大的作用。公园中大面积的草坪能够形成开阔的局部空间，丰富了景点内容，并为游客提供安静的休息场所。机关、医院、学校及工矿企业也常在开阔的空间建草坪，形成一道亮丽的风景。草坪也可以控制其色差变化，而形成观赏图案，或抽象或现代或写实，更具艺术魅力。

（3）草坪与其他植物材料的配置

1）草坪与乔木树种的配置。草坪与孤植树、树丛、树群相配既可以表现树体的个体美，又能加强树群、树丛的整体美。疏林草地景观是应用最多的设计手法，既能满足人们在草地上游憩娱乐的需要，树木又可起到遮阴功能。

树丛和树群与草坪配置时，宜选择高大乔木，中层配置灌木做过渡，可与地面的草坪配合形成丛林意境，如能借助周围自然地形，如山坡、溪流等，则更能显示山林意境。这种配置如果以树丛或树群为主景，草坪为基调，则一般要把树丛、树群配置于草坪的主要位置，或做局部的主景处理，要选择观赏价值高的树种以突出景观效果，如春季观花的木棉、樱花、玉兰，秋季观叶的乌桕、银杏、枫香以及紫叶李、雪松等都适宜做草坪上的主景树群或树丛。如果以草坪为主景，树丛、树群做背景，则应该把树丛、树群配置于草坪的边缘，增加草坪的开阔感，丰富草坪的层次。这时选择的树种要单一，树冠形状、高度与风格要一致，结构应适当紧密，形成完整的块面，并与草坪的色彩相适宜。

2）草坪与花灌木的配置。花灌木经常用草坪做基调和背景，如碧桃以草坪为衬托，加上地形的起伏，当桃花盛开时，鲜艳的花朵与碧绿的草地形成一幅美丽的图画，景观效果非常理想。大片的草坪中间或边缘用樱花、海棠、连翘、迎春或棣棠等花灌木点缀，能够使草坪的色彩变得丰富，并引起层次和空间上的变化，提高草坪的观赏价值。这种配置仍以草坪为主体，花灌木起点缀作用，所占面积不超过整个草坪面积的1/3。

3）草坪与花卉的配置。常见的是"缀花草坪"，在空旷的草地上布置低矮的开花地被植物如鸢尾、葱莲、韭莲、水仙、石蒜、红花酢浆草、葡萄风信子草等，形成开花草地，草坪与花卉呈镶嵌状态，增强观赏效果。缀花草坪的花卉数量一般不宜超过草坪总面积的1/4～1/3，分布自然错落，疏密有致，以观赏为主，注意缀花处不能踩踏。

提示：

用花卉布置花坛、花带或花境时，一般用草坪做镶边或陪衬来提高花坛、花带、花境的观赏效果，使鲜艳的花卉和生硬的路面之间有一个过渡，显得生动而自然，避免产生突兀的感觉。

（4）草坪与山石、水生、道路、建筑的配置。

1）草坪配置在山坡上可以显现出地势的起伏，展示山体的轮廓，而用景石点缀草坪是常用的手法，如在草坪上埋置石块，半露上面，犹如山的余脉，能够增加山林野趣、影响整个草坪的空间变化。在水池、河流、湖面岸边配置草坪能够为人们创造观赏水景或游乐的理想场地，使空间扩大，视野开阔，便于游人停步坐卧于平坦的草坪之上，可稍作休息，又能眺望水面的秀丽景色。随着城市街道、高速公路两边及分车带草坪用量的增加，草坪和道路配置也越来越引起人们的重视。在道路的两边及分车带中配置草坪可以装饰、美化道路环境，又不遮挡视线，还能提供一个交通缓冲地带，减少交通事故的发生。草种要有较强的抗污染能力和适应性。

2）草坪与纪念碑、雕塑、喷泉及其他园林景点配置，具有很好的衬托效果。例如，天安门广场中心的人民英雄纪念碑，碑身安放在汉白玉雕栏的月台上，月台的四面铺植翠绿的冷季型草坪，使纪念碑整体在规整、开阔的草坪的衬托下，显得更加雄伟、庄严。又如北京植物园的展览温室是一座庞大的现代化建筑，造型优美，为不影响视觉效果，又能很好地衬托建筑，在四周布置了大面积的草坪，产生了很好的艺术效果。建筑物周围的草坪，可作为建筑的底景，作为和环境过渡的空间，增加艺术表现力，软化建筑的生硬性，同时也使建筑物的色彩变得柔和。

6.草坪施工技术要点

（1）场地准备。铺设草坪和栽植其他植物不同，在建造完成以后，地形和土壤条件很难再改变。要想得到高质量的草坪，应在铺设前对场地进行处理，主要应考虑地形处理、土壤改良及做好排灌系统。

1）土层的厚度。草坪植物是低矮的草本植物，没有粗大主根，与乔灌木相比，根系浅。因此，在土层厚度不足以种植乔灌木的地方仍能建造草坪。草坪植物的根系80%分布在40cm以上的土层中，而且50%以上是在地表以下20cm的范围内。虽然有些草坪植物能耐干旱，耐瘠薄，但种在15cm厚的土层上，会生长不良，应加强管理。为了使草坪保持优良的质量，减少管理费用，应尽可能使土层厚度达到40cm左右，最好不小于30cm。在小于30cm的地方应加厚土层。

2）土地的平整与耕翻。这一工序的目的是为草坪植物的根系生长创造条件。步骤如下：

a.杂草与杂物的清除。这是为了便于土地的耕翻与平整，更主要的是为了消灭多年生杂草。为避免草坪建成后杂草与草坪草争水分、养料，在种草前应彻底把杂草消灭。可用"草甘麟"等灭生性的内吸传导型除草剂 [0.2 ~ 0.4mL/m² （成分量）]，使用后2周可开始种草。此外还应把瓦块、石砾等杂物全部清出场地外。瓦砾等杂物多的土层应用10mm×10mm的网筛过一遍，以确保将杂物除净。

b.初步平整、施基肥及耕翻。在清除了杂草、杂物的地面上应初步做一次起高填低的平整。平整后撒施基肥，然后普遍进行一次耕翻。土壤疏松、通气良好有利于草坪植物的根系发育，也便于播种或栽草。

c.更换杂土与最后平整。在耕翻过程中，发现局部地段土质欠佳或混杂的杂土过多，应换土。虽然换土的工作量很大，但必要时须彻底进行，否则会造成草坪生长极不一致，影响草坪质量。为了确保新建草坪的平整，在换土或耕翻后应灌一次透水或滚压一遍，使坚实不同的地方能显出高低，以利最后平整时加以调整。

3）排水及灌溉系统

a.草坪与其他场地一样，需要考虑排除地面水。因此，最后平整地面时，要结合考虑地面排水问题，不能有低凹处，以避免积水。做成水平面也不利于排水，草坪多利用缓坡来排水。在一定面积内修一条缓坡的沟道，其最底下的一端可设雨水口接纳排出的地面水，并经地下管道排走，或以沟直接与湖池相连。理想的平坦草坪的表面应是中部稍高，逐渐向四周或边缘倾斜。建筑物四周的草坪应比房基低5cm，然后向外倾斜。

b. 地形过于平坦的草坪或地下水位过高或聚水过多的草坪、运动场的草坪等均应设置暗管或明沟排水，最完善的排水设施是用暗管组成一个系统与自由水面或排水管网相连接。

c. 草坪灌溉系统是兴造草坪的重要项目，目前国内外草坪大多采用喷灌。为此，在场地最后整平前，应将喷灌管网埋设完毕。

（2）种植

1）播种法。一般用于结籽量大而且种子容易采集的草种。如野牛草、羊茅、结缕草、苔草、剪股颖、早熟禾等都可用种子繁殖。要想取得播种的成功，应注意以下几个问题。

a. 种子的质量。质量是指两方面，一般要求纯度在 90% 以上，发芽率在 50% 以上。

b. 种子的处理。有的种子发芽率不高并不是因为质量不好，而是因各种形态、生理原因所致。为了提高发芽率，达到苗全、苗壮的目的，在播种前可对种子加以处理。如细叶苔草的种子可用流水冲洗数十小时；结缕草种子用 0.5% 的 NaOH 溶液浸泡 48h，用清水冲洗后再播种；野牛草种子可用机械的方法搓掉硬壳等。

c. 播种量和播种时间。草坪种子播种量越大，见效越快，播后管理越省工。种子有单播和 2 ~ 3 种混播的。单播时，一般用量为 10 ~ 20g/m^2，应根据草种、种子发芽率等而定。混播则是在依靠基本种子形成草坪以前的期间内，混种一些覆盖性快的其他种子。

播种时间：暖季型草种为春播，可在春末夏初播种；冷季型草种为秋播，北方最适合的播种时间是 9 月上旬。

d. 播种方法有条播及撒播。条播有利于播后管理，撒播可及早达到草坪均匀的目的。条播是在整好的场地上开沟，深 5 ~ 10cm，沟距 15cm，用等量的细土或沙与种子拌匀撒入沟内。不开沟为撒播，播种人应做回纹式或纵横向后退撒播。播种后轻轻耙土覆盖种子，使种子入土 0.2 ~ 1cm。播前灌水有利于种子的萌发。

e. 播后管理。充分保持土壤湿度是保证出苗的主要条件。播种后根据天气情况每天或隔天喷水，幼苗长至 3 ~ 6cm 时可停止喷水，但要保持土壤湿润，并要及时清除杂草。

2）栽植法。用植株繁殖较简单，能大量节省草源，一般草块可以栽成 5 ~ 10m 或更多一些。与播种法相比，此法管理比较方便，因此已成为我国北方地区种植匍匐性强的草种的主要方法。

a. 种植时间。全年的生长季均可进行。但种植时间过晚，当年就不能覆满地面。最佳的种植时间是生长季中期。

b. 种植方法。分条栽与穴栽。草源丰富时可以用条栽，在平整好的地面以 20 ~ 40cm 为行距，开 5cm 深的沟，把撕开的草块成排放入沟中，然后填土、踩实。同样，以 20 ~ 40cm 为株行距穴栽也是可以的。

c.提高种植效果的措施。为了提高成活率，缩短缓苗期，移植过程中要注意两点：一是栽植的草要带适量的护根土（心土）；二是尽可能缩短掘草到栽草的时间，最好是当天掘草当天栽。栽后要充分灌水，清除杂草。

3）铺栽法。这种方法的主要优点是形成草坪快，可以在任何时候（北方封冻期除外）进行，且栽后管理容易。缺点是成本高，并要求有丰富的草源。

a.选草源。要求草生长势强，密度高，而且有足够大的面积为草源。

b.铲草皮。先把草皮切成平行条状，然后按需要横切成块，草块大小根据运输方法及操作是否方便而定，大致有以下几种：45cm×30cm、60cm×30cm、30cm×12cm等。草块的厚度为 3 ~ 5cm，国外大面积铺栽草坪时，也常见采用圈毯式草皮。

c.草皮的铺栽方法

无缝铺栽：这是不留间隔全部铺栽的方法。草皮紧连，不留缝隙，相互错缝。要求快速造成草坪时会常使用这种方法。草皮的需要量和草坪面积相同（100%）。

有缝铺栽：各块草皮相互间留有一定宽度的缝进行铺栽。缝的宽度为 4 ~ 6cm，当缝宽为4cm时，草皮必须占草坪总面积的70%。

方格形花纹铺栽：这种方法虽然建成草坪较慢，但草皮的需用量只需占草坪面积的50%。

4）草坪植生带铺栽的方法

a.草坪植生带是用再生棉经一系列工艺加工制成的有一定拉力、透水性良好、极薄的无纺布，并选择适当的草种、肥料按一定的数量、比例通过机器撒在无纺布上，在上面再覆盖一层无纺布，经黏合滚压成卷制成。它可以在工厂中采用自动化的设备连续坐产制造，成卷入库，每卷 50m² 或 100 m²，幅宽 lm 左右。

b.在经过整理的地面上满铺草坪植生带，覆盖1cm筛过的生土或河沙，早晚各喷水一次，一般 10 ~ 15 天（有的草种 3 ~ 5 天）即可发芽，1 ~ 2 个月就可形成草坪，覆盖率 100%，成草迅速，无杂草。

5）吹附法。近年来国内外也有用喷播草籽的方法培育草坪，即用草坪草种加上泥炭（或纸浆）、肥料、高分子化合物和水混合浆，储存在容器中，借助机械力量喷到需育草的地面或斜坡上，经过精心养护育成草坪。

（3）浇灌

1）水源与灌溉方法

a.水源。没有被污染的井水、河水、湖水、水库存水、自来水等均可作为灌溉水水源。

国内外目前试用城市中水做绿地灌溉用水。随着城市中绿地不断增加，用水量也在大幅度上升，给城市供水带来很大的压力。中水不失为一种可靠水源。

b.灌溉方法。有地面漫灌、喷灌和地下灌溉等。

地面漫灌是最简单的方法，其优点是简便易行，缺点是耗水量大，水量不够均匀，坡度大的草坪不能使用。采用这种灌溉方法的草坪表面应相当平整，且具有一定的坡度，理想的坡度是 0.5% ~ 1.5%。这样的坡度用水量最经济，但大面积草坪要达到以上要求，较为困难，因而有一定局限性。

喷灌是使用设备令水像雨水一样淋到草坪上。其优点是能在地形起伏变化大的地方或斜坡使用，灌溉量容易控制，用水经济，便于自动化作业。主要缺点是建造成本高。但此法仍为目前国内外采用最多的草坪灌水方法。

地下灌溉是靠用细管作用从根系层下面设的管道中的水由下向上供水。此法可避免土壤紧实，并使蒸发量及地面流失量减到最低程度。节省水是此法最突出的优点。然而由于设备投资大，维修困难，因而使用此法灌水的草坪甚少。

2）灌水时间。在生长季节，根据不同时期的降雨量及不同的草坪适时灌水是极为重要的，一般可分为三个时期。

a.返青到雨季前。这一阶段气温逐渐上升，蒸腾量大，需水量大，是一年中最关键的灌水时期。根据土壤保水性能的强弱及雨季来临的时期可灌水 2 ~ 4 次。

b.雨季。基本停止灌水。这一时期空气湿度较大，草的蒸腾量下降，而土壤含水量已提高到足以满足草坪生长需要的水平。

c.雨季后至枯黄前。这一时期降水量少，蒸发量较大，而草坪仍处于生命活动较旺盛阶段，与前两个时期相比，这一阶段草坪需水量显著提高，如不能及时灌水，不但影响草坪生长，还会引起提前休眠。在这一阶段，可根据情况灌水 4 ~ 5 次。此外，在返青时灌返青水，在北方封冻前灌封冻水也都是必要的。总之，草种不同，对水分的要求不同，不同地区的降水量也有差异。因而，必须根据气候条件与草坪植物的种类来确定灌水时期。

3）灌水量。每次灌水的水量应根据土质、生长期、草种等因素而确定。以湿透根系层，不发生地面径流为原则。如北京地区的野牛草草坪，每次灌水的用水量为0.04 ~ 0.1t/ ㎡。

（4）施肥。

1）施肥种类。草坪植物主要是进行叶片生长，并无开花结果的要求，所以氮肥更为重要，施氮肥后的反应也最明显。在建造草坪时应施基肥，草坪建成后在生长季施追肥。

2）施肥季节。寒季型草种的追肥时间最好在早春和秋季。第一次在返青后，可起促进生长的作用；第二次在仲春。天气转热后，应停止追肥。秋季施肥可于 9 月、10 月再进行。暖季型草种的施肥时间是在晚春。在生长季每月应追施一次肥，这样可增加枝叶密度，提高耐踩性。最后一次施肥北方地区不能迟于 8 月中旬，而南方地区不应晚于 9 月中旬。

（5）修剪

1）修剪次数。一般的草坪一年最少修剪 4 ~ 5 次，北京地区野牛草草坪每年修剪 3 ~ 5 次较为合适，而上海地区的结缕草草坪每年修剪 8 ~ 12 次较为合适。国外高尔夫球场内精细管理的草坪一年要经过上百次的修剪。据国外报道，多数栽培型草坪全年共需修剪 30 ~ 50 次，正常情况下 1 周 1 次，4—6 月常需 1 周剪轧 2 次。

2）修剪高度。修剪的高度与修剪的次数是两个相互关联的因素。修剪时的高度要求越低，修剪次数就越多，这是进行养护草坪所需要的。草的叶片密度与覆盖度也随修剪次数的增加而增加。应根据草的剪留高度进行有规律的修剪，当草达到限定高度的 1.5 倍时就要修剪，最高不得越过规定高度的 2 倍。

3）剪草机。修剪草坪一般都用剪草机，多用汽油机或柴油机做动力，小面积草坪可用侧挂式割灌机，大面积草坪可用机动旋转式剪草机和其他大型剪草机。

（6）除杂草

1）人工方法除草用人工"剔除"。

2）化学方法除草

a. 用西马津、扑草净、敌草隆等起封闭土壤作用，抑制杂草的萌发或杀死刚萌发的杂草。

b. 用灭生性除草剂草甘麟、百草枯等在草坪建造前或草坪更新时除防杂草。

c. 用 2,4-D 类除草剂杀死双子叶杂草。

提示：

除草剂的使用比较复杂，效果好坏随很多因素而变，使用不正确便会造成很大的损失。因此，使用前应慎重做试验和准备，使用的浓度、工具应专人负责。

（7）通气

1）打孔技术要求。

a. 一般要求 50 穴 / ㎡，穴间距 15cm × 5cm，穴径 1.5 ~ 3.5cm，穴深 8cm 左右。

b. 可用中空铁钎人工扎孔，也可采用草坪打孔机（恢复根系通气性）施行。

2）草坪的复壮更新。草坪承受过较大负荷或经受负荷作用，土壤板结，可采用草坪垂直修剪机，用铣刀挖出宽 1.5 ~ 2cm、间距为 25cm、深约 18cm 的沟，在沟内填入多孔材料（如海绵土），把挖出的泥土翻过来，并把剩余泥土运走，施入高效肥料，以至补播草籽，加水管理，使草坪能很快生长复壮。

二、地被植物

1. 简介

地被植物是园林中用以覆盖地面的低矮植物。它可以有效控制杂草滋生、减少尘土飞扬、防止水土流失，把树木、花草、道路、建筑、山石等各景观要素更好地联系和统一起来，使之构成有机整体，并对这些风景要素起衬托作用，从而形成层次丰富、高低错落、生机盎然的园林景观。地被植物比草坪更为灵活，在地形复杂、树荫浓密、不良土壤等不适于种植草坪的地方，地被植物是最佳选择。如杭州花港观鱼公园牡丹园的白皮松林下覆盖着常春藤地被，生长强健而致密，其他杂草无法生长。

2.地被植物的类别

地被植物指草本植物中株形低矮、株丛密集自然、适应性强、可粗放管理的种类。以宿根草本为主，也包括部分球根和能自播繁衍的一两年生花卉，其中有些蕨类植物也常用作耐阴地被。宿根植物有土麦冬、阔叶土麦冬、吉祥草、萱草类、玉簪、螃蟹菊、石菖蒲、长春蔓、红花酢浆草、马蔺等。

3.地被植物的配置

（1）适地适植，合理配置。按照园林绿地的不同功能、性质，在充分了解种植地环境条件和地被植物本身特性的基础上进行合理配置。如入口区绿地主要是美化环境，可以低矮整齐的小灌木和时令草花等地被植物进行配置，以靓丽的色彩吸引游人；山林绿地主要是覆盖黄土，美化环境，可选用耐阴类地被进行布置，路旁则根据道路的宽窄与周围环境，选择开花地被类，使游人能不断欣赏到因时序而递换的各色园景。

（2）高度搭配适当。地被植物是植物群落的最底层，选择合适的高度是很重要的。在上层乔灌木分枝高度都比较高时，下层选用的地被可适当高一些。反之，上层乔、灌木分枝点低或是球形植株，则应根据实际情况选用较低的种类。

（3）色彩协调、四季有景。地被植物与上层乔、灌木同样有着各种不同的叶色、花色和果色。因此，在群落搭配时要使上下层的色彩相互协调，叶期、花期错落，具有丰富的季相变化。

4.地被植物的布置方式

（1）在假山、岩石园中配置矮竹、蕨类等地被植物，构成假山岩石小景。如选用铁线蕨、凤尾蕨等蕨类和菲白竹、磐竹、鹅毛竹、翠竹、菲黄竹等低矮竹类地被，既活化了山石，又显示出清新、典雅的意境，别具情趣。

（2）林下多种地被相配置，形成优美的林下花带。乔、灌木林下，采用两种或多种地被间植、轮植、混植，使其四季有景，色彩分明，形成一个五彩缤纷的树丛。

（3）以浓郁的常绿树丛为背景，配置适生地被，用宿根、球根或一两年生草本花卉成片点缀其间，形成人工植物群落。

（4）多种开花地被植物与草坪相配置，形成高山草甸景观。在草坪上小片状点缀水仙、秋水仙、鸢尾、石蒜、葱莲、韭莲、红花酢浆草、马蔺、二月蓝、蒲公英等草本地被，以及部分铺地柏、偃柏、铺地蜈蚣等匍匐灌木，可以形成高山草甸景观。如此分布有疏有密、自然错落、有叶有花，远远望去，如一张绣花地毯，别有一番风趣。

（5）大面积的地被景观。采用一些花朵艳丽、色彩多样的植物，选择阳光充足的区域精心规划，采用大手笔、大色块的手法大面积栽植形成群落，着力突出这类低矮植物的群体美，并烘托其他景物，形成美丽的景观。如美人蕉、杜鹃花、红花酢浆草、葱莲以及时令草花。

（6）耐水湿的地被植物配置在山、石、溪水边构成溪涧景观。在小溪、湖边配置一些耐水湿的地被植物，如石菖蒲、蝴蝶花、鸢尾等，溪中、湖边散置山石，点缀一两座亭榭，别有一番山野情趣。

5. 地被植物的功能

园林地被植物是园林绿化的重要组成部分，是园林造景的重要植物材料，在提高园林绿化质量中起着重要的作用。它不仅能丰富园林景色，增加植物层次，组成不同意境，给人一种舒适清新、绿荫覆盖、四季有花的体验，让游人有常来常新的感觉，而且还由于叶面系数的增加，能够调节气候，减弱日光反射，降低风速，吸附滞留尘埃，减少空气中含尘量和细菌的传播，降低气温，改善空气湿度，覆盖裸露地面，防止雨水冲刷，护堤护坡，保持水土。

第四节　水生、水面植物

一、水生植物

1. 水生植物功能

（1）在园林水池中常布置水生植物来美化水生、净化水质，减少水分的蒸发。如水葱、水葫芦、田蓟、水生薄荷、芦苇、泽泻等，可以吸收水中有机化合物，降低生化需氧量。

（2）有些植物还能吸收酚、吡啶、苯胺，杀死大肠杆菌等，消除污染，净化水源，提高水质。

（3）很多水生植物，如槐叶萍、水浮莲、满江红、荷花、慈姑、菱、泽泻等，可供人们食用或牲畜饲料。因此，在园林水生中大面积地布置水生植物还可取得一定的经济效益。

（4）由于水生植物生长迅速，适应性强，所以栽培管理方面可以节省人力、物力。

2. 水生植物的种类

根据水生植物在水中的生长状态及生态习性，分为四种类型。

（1）浮水植物。植物叶片漂浮在水面生长，称为浮水植物。浮水植物又按植物根系着泥生长和不着泥生长，分为两种类型：一种称为根系着泥浮水植物，如睡莲、王莲等；另一种称为漂浮植物，如凤眼莲、大漂、清萍等。根系着泥浮水植物用于绿化较多，价值较高。而根系不着泥生长的漂浮植物，因无根系固着生长，植株漂浮不定，又不易限制在某一区域，在水生富营养化的条件下容易造成极性生长，覆盖全池塘，形成不良景观，一般不用于池塘绿化，应被视作水生杂草，一旦发现要及时将其清除掉。

（2）挺水植物。植物的叶片长出水面，如荷花、香蒲、芦苇、千屈菜、鸢尾、伞草、慈姑等。这类植物具有较高的绿化用途。

（3）沉水植物。全部植物生长在水中，在水中生长发育，如金鱼藻、眼子菜等。

（4）湿生植物。这类植物的根系和部分树干淹没在水中生长。有的树种，在整个生活周期，它的根系和树干基部浸泡在水中并生长良好，如池杉，其适应性较强，不仅在水中生长良好，而且在陆地也生长极佳。有的树种，在水陆交替的生态条件下能良好生长，如水杉、柳树、杨树等。

3. 水生植物配置的原则

水生植物的配置，必须符合多样性、生态性和艺术性的原则。

（1）多样性原则。根据水生面积大小，选择不同种类、不同形体和色彩的植物，体现景观的多样化和物种的多样化。

（2）生态性原则。种植在水边或水中的植物在生态习性上有其特殊性，植物应耐水湿，或是各类水生植物，自然驳岸更应注意。

（3）艺术性原则。水给人以亲切、柔和的感觉，水边配置植物时宜选树冠圆浑、枝条柔软下垂或枝条水平开展的植物，如垂枝形、拱枝形、伞形等。宁静、幽静环境的水生周围，宜以浅绿色为主，色彩不宜太丰富或过于喧闹；水上开展活动的水生周围，则以色彩喧闹为主。

4. 植物水生配置

（1）湖与湖相配置的植物。湖是园林中常见的水生景观，一般水面辽阔，视野宽广，多较宁静，如杭州西湖、济南大明湖、南京玄武湖、武汉东湖等。

湖的驳岸线常采用自由曲线，或石砌，或堆土，沿岸种植耐水湿植物，高低错落，远近不同，与水中的倒影内呼外应。进行湖面总体规划时，常利用堤、岛、桥等来划分水面，增加层次，并组织游览路线；在较开阔的湖面上，还常布置一些划船、滑水等游乐项目，满足人们亲水的愿望。水岸种植时以群植为主，注重群落林冠线的丰富和色彩的搭配。

广州华南植物园的内湖岸有几处很优美的植物景观，采用群植的方式，种植有大片的落羽杉林、假槟榔林、散尾葵树群等；西双版纳植物园内湖边的大王椰子及丛生竹也是湖边植物配置引人入胜的景观。

（2）池与湖相配置的植物

1）池多由人工挖掘而成，或用固定的容器盛水而成，其面积一般较小。在较小的园林中常建池，为了获得"小中见大"的效果，水边植物配置一般突出个体姿态或色彩，多以孤植为主，创造宁静的气氛；或利用植物分隔水面空间，增加层次，同时也可创造活泼和宁静的景观。水面则常种植萍蓬草、睡莲、千屈菜等小型水生植物，并控制其任意蔓延。

2）池边植柳、碧桃、玉兰、黑松、侧柏、白皮松等，疏密有致，既不挡视线，又增加了植物层次。

3）池边一株苍劲、古拙的黑松，树冠及虬枝深向水面，倒影生动，颇有画意。

4）在叠石驳岸上配置云南黄馨、紫藤、薜荔、爬山虎等，使得高于水面的驳岸略显悬崖野趣。

5）在现代园林中规则式的区域，池的形状多为几何形式，外缘线多硬朗分明，池边的植物配置常以花坛或修剪成圆球形整形灌木为主。

（3）泉相配置的植物

1）泉是地下水的天然露头。由于泉水喷吐跳跃，吸引了人们的视线，这可作为景点的主题，再配置合适的植物加以烘托、陪衬，效果更佳。

2）日本明治神宫的花园布置既艳丽又雅致，花园中有一天然的泉眼，并以此为起点，挖成一长条蜿蜒曲折的花溪，种满从全国各地收集来的石菖蒲。开花时节，游客蜂拥而至，赏花饮泉，十分舒畅。在英国塞翁公园中小地形高处设置人工泉，泉水顺着曲折小溪流下，溪涧、溪旁种植各种矮生匍地的彩叶裸子植物以及各种宿根、球根花卉，与缀花草坪相接，谓之花地，景观宜人。

（4）喷泉、跌水和瀑布

1）喷泉和跌水本身不需配置植物，但其周围常配以花坛、草坪、花台或圆球形灌木等，并应选择合适的背景，如杭州曲院风荷内的喷泉，以水杉片林为背景，既起衬托作用，水杉的树形与喷泉的外形又协调一致。

2）瀑布在园林造景中通常指人造的立体落水。由瀑布造成的水景有着丰富的性格或表状，有小水珠的悄然滴流，也有大瀑布的轰然怒吼。瀑布的形态及声响因其流量、流速、高度差及落坡材质的不同而不同。

3）在城市景观中，瀑布常依建筑物或假山石而建。模拟自然界的瀑布风光，将其微缩，可置于室内、庭园或街头、广场，为城市中的人们带来大自然的灵气。

（5）堤与相配置的植物

1）苏堤、白堤除红桃、绿柳、碧草的景色之外，各桥头配置不同的植物，以打破单调和沉闷。长度较长的苏堤上植物种类尤为丰富，仅就其道路两侧而言，就有重阳木、三角枫、无患子、樟树等，两侧还种植了大量的垂柳、碧桃、桂花、海棠等，树下则配置了大吴风草、金叶六道木、八角金盘、臭牡丹等地被植物，堤上还设置有花坛。

2）北京颐和园西堤以杨、柳为主，玉带桥以浓郁的树林为背景，更衬出自身洁白。在广州流花湖公园，湖堤两旁，各植两排蒲葵，水中反射光强，蒲葵的趋光性导致朝向水面倾斜生长，富有动势。

3）南宁南湖公园堤上各处架桥，最佳的植物配置是在桥的两端简洁地种植数株假槟榔，潇洒秀丽。水中三孔桥与假槟榔的倒影清晰可见。

（6）与溪流相配置的植物

1）溪是一种动态景观，但往往能处理成动中取静的效果。两侧多植以密林或群植树木，溪流在林中若隐若现。为了与溪水的动态相呼应，可以布置成落花景观，将李属、梨属、苹果属等单个花瓣下落的植物配于溪旁，秋色叶植物也是很好的选择。林下溪边常配喜阴湿的植物以及小型挺水植物，如蕨类、天南星科、虎耳草、冷水花、千屈菜、风车草等，颇具有乡村野趣。

2）现代园林中多为人工形成的溪流。杭州玉泉溪位于玉泉观鱼东侧，为一条人工开凿的弯曲小溪涧。引玉泉水东流入植物园的山水园，溪长 60m 余，宽仅 1m 左右，两旁散植樱花、玉兰、女贞、云南黄馨、杜鹃花、山茶、贴梗海棠等花草树木，溪边砌以湖石、铺以草皮，溪流从树丛中涓涓流出，春季花影婆娑，成为一条蜿蜒美丽的花溪。

（7）与河相配置的植物

1）在园林中直接运用河流的形式并不多见。颐和园的后湖实为六收六放的河流，其两岸种植高大的乔木，形成了"两岸夹青山，一江流碧玉"的图画。在全长约 1000m 的河道上，夹峙两岸的峡口、石矶形成了高低起伏的河岸，同时也把河道障隔、收放成六个段落，在收窄的河边种植树冠庞大的槲树，分隔效果明显。沿岸还有柳树、白蜡，山坡上有油松、架树、元宝枫、侧柏，加之散植的榆树、刺槐，形成了一条绿色的长廊，山桃、山杏点缀其间，行舟漫游，好似真有山重水复、柳暗花明之乐趣。

2）对于水位变化不大的相对静止的河流而言，两边植以高大的植物形成群落，丰富的林冠线和季相变化可以形成美丽的倒影；而以防汛为主的河流，则宜选择固土护坡能力强的地被植物，如多种禾草、蟛蜞菊等。

（8）与岛相配置的植物

1）岛的类型众多，大小各异。有可游的半岛及湖中岛，也有仅供远眺或观赏的湖中岛。前者远、近距离均可观赏，多设树林以供游人活动或休息，临水边或透或封、若隐若现，种植密度不能太大，应能透出视线去观景。且在植物配置时要考虑导游路线，不能有碍交通；后者则不考虑导游，人一般不入内活动，只可远距离欣赏，可选择多层次的群落结构形成封闭空间，以树形、叶色造景为主，注意季相的变化和天际线的起伏，但要协调好植物间的各种关系，以形成相对稳定的植物群落景观。

2）北京北海公园琼华岛植物种类丰富，以柳为主，间植刺槐、侧柏、合欢、紫藤等植物。四季常青的松柏不但将岛上的亭、台、楼、阁掩映其中，并以其浓重的色彩烘托出白塔的洁白。

3）杭州三潭印月可谓是湖岛内东西、南北两条湖堤将全岛划分为四个空间。湖堤上植有大叶柳、樟树、木芙蓉、紫藤、紫薇等乔灌木，疏密有致、高低有序，增强了湖岛的层次和景深，也丰富了林冠线，并形成了整个西湖的湖中有岛、岛中套湖的奇景。而这种虚实对比、交替变化的园林空间，在巧妙的植物配置下表现得淋漓尽致。

（9）驳岸相配置的植物。岸边的植物配置很重要，既能使山和水融成一体，又对水面空间的景观起重要作用。驳岸有土岸、石岸、混凝土岸等，或自然式，或规则式。

自然式的土驳岸常在岸边打入树桩加固。我国园林中采用石驳岸及混凝土驳岸居多，线条显得生硬而枯燥，更需要在岸边配置合适的植物，借其枝叶来遮挡枯燥之处，从而使线条变得柔和。驳岸植物可与水面点缀的水生植物一起组成丰富的岸边景色。

1）土岸

a. 自然式土岸曲折蜿蜒，线条优美，植物配置最忌选用同一树种、同一规格的等距离配置。应结合地形、道路、岸线配置，有近有远，有疏有密，有断有续，弯弯曲曲，富有自然情调。

b. 英国园林中自然式土岸边的植物配置，多半以草坪为底色，为引导游人到水边赏花，常种植大批宿根、球根花卉，如落新妇、围裙水仙、雪钟花、绵枣儿、报春花属以及蓼科、天南星科、鸢尾属植物，五彩缤纷、高低错落；为形成优美倒影，则在岸边植以大量花灌木、树丛及姿态优美的孤立树，尤其是变色叶树种，一年四季具有色彩。

c. 土岸常少许高出最高水面，站在岸边伸手可触及水面，便于游人亲水、戏水，给人以朴实、亲切之感，但还是要考虑到儿童的安全问题，设置明显的标志。

d. 杭州植物园山水园的土岸边，一组树丛配置具有四个层次，高低错落，春有山茶、云南黄馨、黄菖蒲和毛白杜鹃，夏有合欢，秋有桂花、枫香、鸡爪槭，冬有马尾松、杜英，四季有景，色、香、形具备。

2）石岸

a. 规则式的石岸线条生硬、枯燥，柔软多变的植物枝条可补其拙。自然式的石岸线条丰富，优美的植物线条及色彩可增添景色与趣味。

b. 苏州拙政园规则式的石岸边多种植垂柳和云南黄馨，细长柔和的柳枝、圆拱形的云南黄馨枝条沿着笔直的石岸壁下垂至水面，遮挡了石岸的丑陋，石壁上还攀附着薜荔、爬山虎、络石等吸附类攀缘植物，也增加了活泼气氛；杭州西泠印社竹阁、柏堂前的莲池，规则的石岸池壁也爬满了络石、薜荔，使僵硬的石壁有了自然生气。但大水面规则式石岸很难处理，一般只能采用花灌木和藤本植物进行美化，如夹竹桃、云南黄馨、迎春等，其中枝条柔垂的花灌木类效果尤好。

自然式石岸具有丰富的自然线条和优美的石景，点缀色彩和线条优美的植物与自然山石头相配，可使景色富于变化，配置的植物应有掩有露，遮丑露美。忌不分美丑，全面覆盖，失去了岸石的魅力。

（10）水边的植物配置

1）开敞植被带。开敞植被带是指由地被和草坪覆盖的大面积平坦地或缓坡地。场地上基本无乔木、灌木，或仅有少量的孤植景观树，空间开阔明快，通透感强，构成了岸线景观的虚空间，方便了水域与陆地空气的对流，可以改善陆地空气质量、调节陆地气温。另外，这种开敞的空间也是欣赏风景的透景线，对滨水沿线景观的塑造和组织起到重要作用。由于空间开阔，适于游人聚集，所以开敞植被带往往成为滨河游憩中的集中活动场所，满足集会、户外游玩、日光浴等活动的需要。

2）稀疏型林地

a. 乔、灌木的种植方式可多种多样，或多株组合形成树丛式景观，或小片群植形成分散于绿地上的小型林地斑块。在景观上，稀疏型林地可构成岸线景观半虚半实的空间。

b.稀疏型林地具有水陆交流功能和透景作用，但其通透性较开敞植被带稍差。不过，正因为如此，在虚实之间，创造了一种似断似续、隐约迷离的特殊效果。稀疏型林地空间通透，有少量遮阴树，尤其适合于炎热地区开展游憩、日光浴等户外活动。

3）郁闭型密林地。郁闭型密林地是由乔、灌、草组成的结构紧密的林地，郁闭度在 0.7 以上。这种林地结构稳定，有一定的林相外貌，往往成为滨水绿带中重要的风景林。在景观上，构成岸线景观的实空间，保证了水体空间的相对独立性。密林具有优美的自然景观效果，是林间漫步、寻幽探险、享受自然野趣的场所。在生态上，郁闭型密林具有保持水土、改善环境、提供野生生物栖息地等作用。

4）湿地植被带。湿地是指介于陆地和水体之间，水位接近或处于地表，或有浅层积水的过渡性地带。湿地具有保护生物多样性、蓄洪防旱、保持水土、调节气候等作用。

5.水生植物种植基本要求

（1）相对陆生植物而言，水生植物种类较少。在设计时，对挺水植物、浮水植物、沉水植物和湿生植物都要兼顾，形成高低错落有致、荷叶滚珠、碧波荡漾、莲花飘香、池杉傲立、杨柳摇曳、鱼儿畅游的水面景象。

（2）要了解水生植物的生态习性。大部分水生植物喜阳光（除沉水植物外），如睡莲每天需 6 ~ 8h 的直射光线，才能开花；荷花需 8h 以上的直射光线才能生长良好等。故而要避免这类植物种植在大树下或遮阳处。

（3）池塘的水面全部覆盖满水生植物并不美观，一般水生植物占全部水面的 20% ~ 40% 为宜，多留些水面，水生植物做点缀，显得宽敞。

（4）水生植物生长极快，对每种植物应用水泥或塑料板等材料做成各种形状的围池或种植池（或者用缸），限制水生植物在区域内生长蔓延，避免向全池塘发展，并防止水生植物种类间互相混杂生长。

（5）在池塘中和周边适宜处点缀亭、台、楼、榭等，这样能起到画龙点睛的作用，这在池塘的绿化设计中是非常重要的。

（6）要了解清楚池塘水位及各个位置的水深情况。水生植物的适宜水深不能超过 1.5m，大部分在 0.5 ~ 1.0m 的深度范围内生长良好。在浅水和池塘的边缘处，可适当地布置池杉、千屈菜、慈姑、伞草、珍珠菜等，在池塘溪旁可布置百合等。

6.水生植物的栽植技术要求

（1）水面绿化面积的确定。为了保证水面植物景观疏密相间，不影响水体岸边其他景物倒影的观赏，不宜做满池绿化和环水体一周，而是保证 1/3 或 1/2 的绿化面积即可。

（2）水中种植台、池、缸的设置。为了保证以上景观的实现，必须在水体中设置种植台、池、缸。

1）种植池高度要低于水面，其深度要根据植物种类不同而定。如荷花叶柄生长较高，其种植池离水面高度可设计 60 ~ 120cm 深，睡莲的叶柄较短，种植池可离水面 30 ~ 60cm，玉蝉花叶柄更短，其种植池可离水面 5 ~ 15cm 高。

2）用种植缸、盆可机动灵活地在水中移动，设计出一定的水面植物图案。

（3）造型浮圈的制作。满江红、浮萍、槐叶萍、凤眼莲等植物，具有繁殖快、全株漂浮在水面上的特点，所以这类水生植物造景不受水的深度影响。可根据景观需要在水面上制作各种造型的浮圈，将其圈入其中，创造水面景观，点缀水面，改变水体形状大小，可使水体曲折有序。

（4）沉水植物的配置。水草等沉水植物，其根着生于水池的泥土中，其茎、叶全可浸在水中生长。这类植物可置于清澈见底的小水池中，点缀几缸或几盆，再养几只观赏红鱼，更加生动活泼，别有情趣。这种水生植物动物齐全的水景，令人心旷神怡。

（5）水边植被景观的营造。利用芦苇、慈姑、鸢尾、水葱等沼生草本植物，可以创造水边低矮的植被景观。总之，在水中利用浮叶水生植物疏密相间，断续、进退、有节奏地创造富有季相变化的连续构图。在水面上可利用漂浮水生植物，集中成片，创造水上绿岛。也可用落羽松、水松、柳树、水杉、水曲柳、桑树等耐水湿的树木在水体或岸边创造闭锁空间，以丰富水面的层次感、深远感，为游人划船等水上活动增加游点，创造遮阳条件。

种植施工要点：

1）核对设计图样。在种植水生植物前，要设计好各种植物所种植的位置、面积、高度，并设计好施工方法。

2）施工主要环节。为便于施工，在施工前最好能把池塘水抽干。池塘水抽干后，用石灰或绳画好要做围池（或种植池）的范围，在砌围池墙的位置挖一条下脚沟，下脚沟最好能挖到老底子处。先用砖砌好围池墙，再在围池墙两面砌贴 2 ~ 3cm 厚的水泥砂浆，用来阻止水生植物的根穿透围池墙。围池墙也可以使用各种塑料板，塑料板要进到泥的老底子处，塑料板之间要有 0.3cm 的重叠，防止水生植物根越过围池。围池墙做好后，再按水位标高添土或挖土。用土最好是湖泥土、稻田土、黏性土，适量施放肥料，整平后即可种植水生植物。种植水生植物，可以在未放水前，也可以在放水后进行。

3）施工季节。施工季节要选在多晴少雨的季节进行。大部分水生植物在 11 月至翌年 5 月挖起移栽。水生植物在生长季节也可移栽，但要摘除一定量的叶片，不宜失水时间过长。生长期中的水生植物如需长途运输，则宜存放在装有水的容器中。

4）繁殖方法。睡莲、荷花、千屈菜等都以根茎繁殖和分栽，大根茎可以分切成几块，每块根茎上必须留有 1 ~ 2 个饱满的芽和节。

5）栽植要求。种植水生植物一般 0.5 ~ 1.0m² 种植。栽植深度以不漂起为原则，压泥 5 ~ 10cm 厚。在种植时一定要用泥土压紧压好，以免风浪冲洗而使栽植的根茎漂出水面。根茎芽和节必须埋入泥内，防止抽芽后不入泥而在水中生长。

二、水面植物

水面包括湖、池、河、溪等的水面，大小不同，形状各异，既有自然式的，也有规则式的。水面具有开敞的空间效果，特别是面积较大的水面常给人空旷感。用水生植物点缀水面，可以增加水面的色彩，丰富水面的层次，使寂静的水面得到装饰和衬托，显得生机勃勃。水面因低于人的视线，与水边景观呼应而构成欣赏的主题。对于面积较小的水面而言，常以欣赏水中倒影为主。在不影响其倒影景观的前提下，视水的深度可适当点缀一些水生花卉，栽植不宜过密和拥挤，而且要与水面的功能分区相结合，在有限的空间中留出充足的开阔水面用来展现倒影和水中游鱼。

（1）根据水面性质和水生植物的习性，因地制宜选择植物种类，注重观赏、经济和水质改良三方面的结合。可以采用单一种类配置，如建立荷花水景区；也可以采用几种水生植物混合配置，但要讲究搭配，考虑主次关系，以及形体、高矮、姿态、叶形、叶色、花期、花色的对比和调和。

（2）不同的植物材料和配置方式可产生不同的景观效果。在广阔的湖面上大面积种植荷花，碧波荡漾，浮光掠影，轻风吹过泛起阵阵涟漪，景色十分壮观；在小水池中点缀几丛睡莲，却显得清新秀丽，生机盎然。王莲由于具有硕大如盘的叶片，在较大的水面种植才能显示其粗犷雄壮的气势；繁殖力极强的凤眼莲则常在水面形成群丛的群体景观。

（3）从平面上，水面的植物配置要充分考虑水面的景观效果和水体周围的环境状况。清澈明净的水面，或在岸边有亭、台、楼、榭等园林建筑，或植有姿态优美、色彩艳丽的观赏树木时，一定要注意水面的植物不能过分拥塞，一般不要超过水面面积的1/3，并需要严格控制植物材料的蔓延，以便人们观赏水中优美的倒影，以扩大空间感，将远山、近树、建筑物等组成一幅"水中画"。

（4）控制植物材料蔓延可以采用设置隔离带或盆栽的方式。对污染严重、具有臭味或观赏价值不高的水面，则宜使水生植物布满水面，形成一片绿色景观，如可选用凤眼莲、大藻、莲子草。

（5）在竖向设计上，可以通过选择不同的水生植物种类形成高低错落、层次丰富的景观，尤其是面积较大时。具有竖线条的水生植物有荷花、风车草、香蒲、千屈菜、黄菖蒲、石菖蒲、花菖蒲、水葱等，高的可达2m；水平的有睡莲、荇菜、凤眼莲、小萍蓬草、日本萍蓬草、白睡莲、王莲等。将横向和纵向的植物材料按照它们的生态习性选择适宜的深度进行栽植，是科学和艺术的完美结合，可构筑成美丽的水上花园。

（6）西方一些国家的园林中提倡野趣园。野趣最宜以水面植物配置来体现，通过种植野生的水生植物，如芦苇、蒲草、香蒲、慈姑、浮萍、槐叶萍，水底植些眼子菜、玻璃藻、黑藻等，则水景野趣横生。

第五节　大树移植

一、大树移植工程

大树进城，立竿见影，是一条快速发展绿化的捷径，促进了人与自然相互和谐的城市生态环境的提前形成。但这是在特定的历史条件或特殊的环境、地点所采用的特殊措施。大树移植并非易事，是一项技术性很强的工作，大树是宝贵的资源，移植一定要慎重。为保证大树的移植质量，最大限度提高大树移植的成活率，避免资源、人力、财力的浪费，必须请有关专家论证，且掌握相关的林业科学知识，并具有较强的技术实力和机械设备，坚持科技先行，如此才能获得大树移植的成功。

简介：

大树是指胸径在 15 ~ 20cm 以上，或树龄在 20 年以上的大型树木，也称其为壮龄树或成年树木。大树移植是指对此类处于生长盛期的壮龄树进行的移植工作。由于树体大，为保证树木的成活，多采用带土球移植，具有一定规格和重量（如胸径 15 ~ 20cm 以上，高 6 ~ 15m，重量 250 ~ 10000kg 的大树），需要有专门机具进行操作实施。

我国在大树移植方面有很多的成功经验，近年来随着城市建设和发展，对绿地建设水平及施工效果的要求越来越高，因此，大树移植的应用范围越来越广泛，成功率也越来越高。

二、大树移植的特点

（1）大树移植成活困难。大树树龄大，发育阶段深，根系的再生能力下降，损伤的根系难以恢复；起树范围内的根里须根量很少，移植后萌生新根的能力差，根系恢复速度缓慢；由于树体高大，根系离枝叶距离远，移植后易造成水分平衡失调，极易造成大树的树体失水而亡。另外，根茎附近须根量少，起出的土球在起苗、搬运和栽植过程中易损坏。

（2）移植的时间长。一株大树的移植需要经过勘查、设计移植程序，断根缩坨、起苗、运输、栽植及后期的养护管理，需要的时间很长，少则几个月，多则几年。

（3）大树移植的限制因素多。由于大树的树高冠密，树体沉重，因此在移植前要考虑吊运树体的运输工具能否承重，能否进入绿化地正常操作，交通线路是否畅通，栽植地是否有条件种植大树。这些限制因素如果解决不了，就不宜进行大树移植。

（4）大树移植绿化成果见效快。通常在养护得当的条件下，高大树木的移植能够在短时间内迅速达到绿化美化的效果。

（5）成本高。由于树体规格大，技术要求严格，还要有安全措施，需要充足的劳力、多种机械以及树体的包装材料，移植后还须采取很多特殊养护管理措施。因此，各方面需要大量耗资，从而提高了绿化成本。

三、大树移植时间

1. 北方

（1）在北方地区，最好在早春解冻后至发芽前栽植完毕，时间为2月下旬至3月中下旬。

（2）各地可根据当地气候特点来确定其最佳栽植期。常绿带土球树种的移植也要选在其生命活动最弱的时期进行，要在春季新芽萌发前20天栽完。在北方地区引进移栽一些常绿树种不要在秋季进行，因为新植树木抗寒越冬的能力较差，易发生冻害死亡情况。

2. 南方

（1）在南方地区，2月下旬至3月初为最佳时期，这段时间里雨水充沛、空气湿润、温度适宜，此时栽下，4～6月份有一段温湿度适宜的树木生长过渡期（梅雨期）。

（2）落叶树木的栽植时间以落叶后到发芽前这段时间最为适宜。这时树木落叶，进入休眠期，容易成活，但要注意避开解冻期。

（3）从上述移植大树的成活率来看，最佳移植大树的时间应是早春。因为此时树液开始流动，嫩梢开始发芽、生长，而气温相对较低，土壤湿度大，蒸腾作用较弱，有利于损伤的根系愈合和再生。移植后，发根早，成活率高，且经过早春到晚秋的正常生长后，树木移植时受伤的部分已复原，给树木顺利越冬创造了条件。同时还要注意选择最适天气，即阴而无雨、晴而无风的天气进行移植。

四、大树的选择

（1）选择大树时，定植地的立地条件应和树木的原生长条件相适应，如土壤性质、温度、光照等条件。树种不同，其生物学特性也有所不同，移植后的环境条件应尽量与该树种的生物学特性和环境条件相符。

（2）应该选择符合景观要求的树种，树种不同，其形态不同，在绿化上的用途也就不同。例如，行道树应考虑干直、冠大、分枝点高、有良好蔽荫效果的树种，而庭院观赏树中的孤立树就应讲究树姿造型。

（3）应选择壮龄的树木，因为移植大树需要很多人力、物力。若树龄太大，移植后不久就会衰老，很不经济；若树龄太小，绿化效果又较差。所以既要考虑能马上起到良好的绿化效果，又要考虑移植后有较长时期的保留价值，一般慢生树种选20～30年生；速生树种选10～20年生；中生树可选15年生；果树、花灌木选5～7年生；一般乔木，则树高在4m以上、胸径为12～25cm的最合适。

（4）如在森林内选择树木时，必须选疏密度不大的，最近 5 ～ 10 年生长在阳光下的树。这样的树易成活，且树形美观，景观效果佳。

（5）应选择生长正常的树木以及没有感染病虫害和未受机械损伤的树木。

（6）原环境条件要适宜挖掘、吊装和运输操作。

提示：

选定的大树，用油漆或绳子在树干胸径处做出明显的标记，以利于识别选定的单株和朝向；同时应建立登记卡，记录树种、高度、干径、分枝点高度、树冠形状和主要观赏面，以便进行分类和确定栽植顺序。

五、大树移植前的准备工作

1. 切根的处理

通过切根处理，促进侧须根生长，使树木在移植前即形成大量可带走的吸收根。这是提高移植成活率的关键技术，也可以为施工提供方便。

（1）多次移植。多次移植法适用于专门培养大树的苗圃。速生树种的苗木可以在头几年每隔 1 ～ 2 年移植一次，待胸径达 6cm 以上时，可每隔 3 ～ 4 年再移植一次。而慢生树种，待其胸径达 3cm 以上时，每隔 3 ～ 4 年移植一次，长到 6cm 以上时，则隔 5 ～ 8 年移植一次。这样树苗经过多次移植，大部分的须根都聚在一定的范围，因而再移植时，可缩小土球的尺寸和减少对根部的损伤。

（2）预先断根法

1）预先断根法适用于一些野生大树或一些具有较高观赏价值的树木移植。一般在移植前 1 ～ 3 年的春季或秋季，以树干为中心，以 2.5 ～ 3 倍胸径为半径或以较小于移植时的土球尺寸为半径画一个圆或正方形，再在相对的两面向外挖 30 ～ 40cm 宽的沟（其深度则视根系分布而定，一般为 50 ～ 80cm）。

2）对较粗的根应用锋利的锯或剪，齐平内壁切断，然后用沃土（最好是沙壤土或壤土）填平，分层踩实，定期浇水，这样便会再在沟中长出许多须根。到第二年的春季或秋季再以同样的方法挖掘另外相对的两面，到第三年时，在四周沟中均长满了须根，这时便可移走。挖掘时应从沟的外缘开挖，断根的时间可根据各地气候条件有所不同。

（3）根部环状剥皮法。采取环状剥皮的方法，剥皮的宽度为 10 ～ 15cm，这样也能促进须根的生长，这种方法由于大根未断，树身稳固，故可不加支柱。

2. 移植前修剪

为保证树木地下部分与地上部分的水分平衡，减少树冠水分蒸腾，移植前必须对树木进行修剪，修剪的方法各地不一，主要有以下几种：

（1）修剪枝叶。修剪时，凡病枯枝、过密交叉徒长枝、干扰枝均应剪去。此外，修剪量也与移植季节、根系情况有关。当气温高、湿度低、带根系少时，应重剪；而湿度大、根系也大时，可适当轻剪。此外，还应考虑到功能要求，如果要求移植后马上起到绿化效果的，应轻剪；而要求有把握成活的，则可重剪。

（2）摘叶。这是细致费工的工作，适用于少且名贵树种，移前为减少蒸腾可摘去部分树叶，移后即可再萌出新叶。

（3）摘心。此法是为了促进侧枝生长，一般顶芽生长的如杨、白蜡、银杏、柠檬桉等，均可用此法以促进其侧枝生长，但是木棉、针叶等树种都不宜摘心处理。

（4）其他方法。其他方法如剥芽、摘花摘果、刻伤和环状剥皮等也可以控制水分的过分损耗，抑制部分枝条的生理活动。

3. 编号定向

编号是当移栽成批的大树时，为使施工有计划地顺利进行，可把栽植坑及要移栽的大树均编上一一对应的号码，使其移植时可对号入座，减少现场混乱及事故的发生。

定向是在树干上标出南北方向，使其在移植时仍能保证它按原方位栽下，以满足它对庇荫及阳光的要求。

4. 清理现场及安排运输路线

在起树前，应清除树干周围 2 ～ 3m 以内的碎石、瓦砾堆、灌木丛及其他障碍物，并将地面大致整平，为顺利移植大树创造条件。然后按树木移植的先后次序，合理安排运输路线，以使每棵树都能够顺利运出。

5. 支柱、捆扎

为了防止在挖掘时由于树身不稳、倒伏引起工伤事故及损坏树木，在挖掘前应对需移植的大树进行支柱处理，一般是用 3 根直径 15cm 以上的大戗木，分立在树冠分支点的下方，然后再用粗绳将 3 根戗木和树干一起捆紧，戗木底脚应牢固支撑在地面上，与地面成 60°左右。支柱时应使 3 根戗木受力均匀，特别是避风向的一面。戗木的长度不定，底脚应立在挖掘范围以外，以免妨碍挖掘工作。

6. 工具和材料

根据不同的土球包装方法，准备所需的工具和材料。

六、大树移植的方法

1. 软材包装移植法

软材包装移植法是目前常用的方法，适用于移植胸径 10 ～ 15cm、土球直径不超过 1.3m 的大树。

（1）掘树

1）土球规格。土球的大小依据树木的胸径来决定。一般来说，土球直径为树木胸径的 7 ～ 10 倍，土球过大，会容易散球且会增加运输困难；土球过小，又会伤害过多的根系导致影响成活。

2）支撑。一般采用木杆或竹竿于树干下部 1/3 处支撑，要绑扎牢固。

3）拢冠。遇有分枝点低的树木，为了操作方便，于挖掘前用草绳将树冠下部围拢，其松紧以不损伤树枝为度。

4）画线。以树干为中心，按规定土球画圆并撒白灰，作为挖掘的界线。

5）挖掘。沿灰线外缘挖沟，沟宽 60 ~ 80cm，沟深为土球的高度。

6）修坨。挖掘到规定深度后，用铁锹修整土球表面，使上大下小（留底直径为土球直径的 1/3），肩部圆滑，呈苹果形。如遇粗根，应以手锯锯断，不得用铁锹硬铲而造成散坨情况。

7）缠腰绳。修好后的土球应及时用草绳（预先浸水湿润）将土球腰部系紧，称为"缠腰绳"。操作时，一人缠绕草绳，另一人用石块拍打草绳使其拉紧，并以略嵌入土球为度。草绳每圈要靠紧，宽度为 20cm。缠好腰绳的土球。

8）开沟底。缠好腰绳后，沿土球底部向内刨挖一圈底沟，宽度为 5 ~ 6cm，便于打包时兜底，防止松脱下来。

9）打包。用蒲包、草袋片、塑料布、草绳等材料，将土球包装起来称为"打包"。

a.用包装物将土球表面全部盖严，不留缝隙，并用草绳稍加围拢，使包装物固定。

b.用双股湿草绳一端拴在树干上，然后放绳顺序缠绕土球，稍成倾斜状，每次均应通过底部沿至树干基部转折，并用石块拍打拉紧。每道间距为 8cm，土质疏松时则应加密。草绳应排匀理顺，避免互拧。

c.竖向草绳捆好后，在内腰绳上部，再横捆十几道草绳，并用草绳将内、外腰绳穿连起来系紧。

10）封底。打完包之后，在内腰绳上部，轻轻将树推倒，用蒲包将底部堵严，用草绳捆牢。

（2）吊装、运输、卸车

1）准备工作，备好起重机、货运汽车。准备捆吊土球的长粗绳，要求具有一定的强度和柔软性。准备隔垫用木板、蒲包、草袋及拢冠用草绳。

2）吊装前，用粗绳捆在土球下部（约 2/5 处）并垫以木板，再拴以脖绳来控制树干。先试吊一下，检查有无问题，再正式吊装。

3）装车时应土球朝前，树梢向后，顺卧在车厢内，将土球垫稳并用粗绳将土球与车身捆牢，防止土球剧烈晃动。

4）树冠较大时，可用细绳拢冠，绳下塞垫蒲包、草袋等物，防止搬动时过度磨损枝叶。

5）装运过程中，应有专人负责，特别注意保护主干式树木的顶枝不受损伤。

6）卸车也应使用起重机，有利于安全和质量的保证。卸车后，如不能立即栽植，应将苗木立直，支稳，严禁将苗木斜放或倒地。

（3）栽植

1）挖穴。树坑的规格应大于土球的规格，一般坑径大于土球直径 40cm，坑深高于土球高度 20cm。遇土质不好时，应加大树坑规格并进行换土。

2）施底肥。需要施用底肥时，将腐熟的有机肥与土拌匀，施入坑底和土球周围（随栽随施）。

3）入穴。入穴时，应按原生长时的南北向就位（可能时取姿态最佳一面作为主要观赏面）。树木应保持直立，土球顶面应与地面平齐。可事先用卷尺分别量取土球和树坑尺寸，如不相适应，应进行调整。

4）支撑。树木直立平稳后，立即进行支撑。为了保护树干不受磨伤，应预先在支撑部位用草绳将树干缠绕护层，防止支柱与树干直接接触，并用草绳将支柱与树干捆绑牢固，严防松动。

5）拆包。将包装草绳剪断，尽量取出包装物，实在不好取时可将包装材料压入坑底。如发现土球松散，严禁松懈腰绳和下部包装材料，但腰绳以上的所有包装材料应全部取出，以免影响水分渗入。

6）填土。应分层填土、分层夯实（每层厚20cm），操作时不得损伤土球。

7）筑土堰。在坑外缘取细土筑一圈高30cm灌水堰，用锹将其拍实，以备灌水。

8）灌水。大树移植后应及时灌水，第一次灌水量不宜过大，主要起沉实土壤的作用，第二次水量要足，第三次灌水后即可封堰。

2. 硬箱包装移植法

硬箱包装移植法适用于移植胸径为15～25cm的大树或更大的树，其土台规格可达2.2m×2.2m×0.8m，土方量3.2m³。

（1）准备。移植前，首先要准备好包装用的板材，如箱板、底板和上板；其次还应准备好所需的全部工具、材料、机械和运输车辆，并由专人管理。

（2）包装。包装前，应将树干四周地表的浮土铲除，然后根据树木的大小决定挖掘土台的规格，一般可按树木胸径的7～10倍作为土台的规格。然后，以树干为中心，以比规定的土台尺寸大10cm画一正方形作为土台的雏形，从土台往外开沟挖渠，沟宽60～80cm，以便于人下沟操作。挖到土台深度后，将四壁修理平整，使土台每边较箱板长5cm。修整时，注意使土台侧壁中间略突出，以便上完箱板后，箱板能紧贴土台。

（3）立边板

1）土台修好后，应立即上箱板，以免土台坍塌。先将箱板沿土台的四壁放好，使每块箱板中心对准树干，箱板上边略低于土台1～2cm，作为吊运时土台下沉的余量。

2）安放箱板时，两块箱板的端部在土台的角上要相互错开，可露出一部分土台，再用蒲包片将土台包好，两头压在箱板下。然后在木箱的边板距上下口15～20cm处套好两道钢丝绳。每根钢丝绳的两头装好紧线器，两个紧线器要装在两个相反方向的箱板中央带上，以便收紧时做到受力均匀。

紧线器在收紧时，必须两边同时进行，下绳的收紧速度应稍快于上绳。收紧到一定程度时，可用木棍捶打钢丝绳，如发出嘣嘣的弦音表示已收紧，即可停止。箱板被收紧后即可在四角上钉。铁皮8～10道，每条铁皮上至少要有两对铁钉钉在带板上。钉子稍向外侧倾斜，以增加拉力。四角铁皮钉好，并用3根木杆将树支稳后，即可进行掏底。

（4）掏底与上底板

1）掏底时，首先在沟内沿着箱板下挖30cm，将沟土清理干净，用特制的小板镐和小平铲在相对的两边同时掏挖上台的下部。当掏挖的宽度与底板的宽度相符时，在两边装上底板。

2）在上底板前，应预先在底板两端各钉两条铁皮，然后先将底板一头顶在箱板上，垫好木墩。另一头用油压千斤顶顶起，使底板与土台底部紧贴。钉好铁皮，撤下千斤顶，支好支墩。

3）两边底板钉好后即可继续向内掏底。要注意每次掏挖的宽度应与底板的宽度一致，不可多掏。在上底板前如发现底土有脱落或松动，就要用蒲包等物填塞好后再装底板。底板之间的距离一般为10～15cm，如土质疏松，可适当加密。

（5）上盖板。在木箱口钉木板拉结，称为"上盖板"。钉装上板前，将土台上表面修成中间稍高于四周，并在土台表面铺一层蒲包片。木板一般2～4块，方向应与底板成垂直交叉，如需多次吊运，上板应钉成井字形。

3.裸根移植法

适用于容易成活，胸径10～20cm的落叶乔木。移植时间应在落叶后至萌芽前的休眠期内。

（1）掘苗。

1）落叶乔木根系直径要求为胸径的8～10倍。

2）重剪树冠。对一些容易萌发的树种，如悬铃木、槐、柳、元宝枫等树种，可在定出一定的留干高度和一定的主枝后，将其上部全部剪去，称为"抹头"。

3）按根辐外缘挖沟，沟宽0.6～0.8m，沟深按规定。挖掘时，遇粗根用手锯锯断，不可造成劈裂等损伤。

4）全部侧根切断后，于一侧继续深挖，轻摇树干，探明深层大根、主根部位，并切断，再将树身推倒，切断其余树根。然后敲落根部土壤，但不得碰伤根皮和须根。

（2）运输

1）装车时，树根朝前，树梢朝后，轻拿轻放，避免擦伤树木。

2）树木与车厢、绳索等接触处，应铺垫草袋或蒲包等物加以保护。

3）为了防止风吹日晒，应用苫布将树根盖严拢实，必要时可浇水，保证根部潮湿。

4）卸车时按每株顺序卸下，轻拿轻放，严禁直接推下。

（3）栽植

1）裸根大树运到现场后，应立即进行栽植。实践证明，随起、随运、随栽是提高成活率最有效的措施。

2）树坑（穴）规格应略大于树根，坑底应挖松、整平，如需换土、施肥应一并在栽植前完成。

3）栽前应剪除劈裂受损之根，并复剪一次树冠，较大剪口应涂抹防腐剂。

4）栽植深度，一般较树干茎部的原土痕深 5cm，分层填实，并要筑好灌水土堰。

5）树木支撑，一般采用三支柱，树干与树枝间需用蒲包或草绳隔垫，相互间用草绳绑牢固，不得松动。

6）栽后应连续灌水 3 次，以后灌水视需要而定，并适时进行中耕松土，以利保墒。

4. 其他移植方法

（1）冻土球移植。在冻土层较深的北方，在土壤板结期挖掘土球可不进行包装，且土球坚固、根系完好、便于运输，有利于成活，是一种既方便又经济的移植大树的好方法。冻土球移植法适用于耐严寒的乡土树种。

1）在土壤封冻前灌水湿润土壤，待气温降至 -15℃ ~ -12℃，冻土深达 20cm 时，开始挖掘。

2）冻土层较浅，下部尚未冻结时，需停放 2 ~ 3 天，待其冻结，再进行挖掘。也可泼水，促其冻结。

3）树木全部挖好后，如不能及时移栽，可向里填入枯草落叶覆盖，以免晒化或寒风侵袭冻坏根系。

4）一般冻土移栽重量较大，运输时也需使用起重机装卸，由于冬季枝条较脆，吊装运输过程中便需要格外注意采取有效保护措施，保护树木不受损伤。树坑（穴）最好于结冻前挖好，可省工省力。移植时应填入未结冰的土壤，夯实，灌水支撑，为了保墒和防冻，应于树干基部堆土成台。待春季解冻后，将填土部位重新夯实、灌水、养护。

（2）机械移植法。树木移植机是一种在汽车或拖拉机上装有操作尾部四扇能张合的匙状大铲的移树机械。树木移植机具有性能好、效率高、作业质量好，集挖、掘、吊运、栽植于一体的作业方式，真正成为随挖、随运、随栽的流水作业，其成活率极高，是今后的发展方向。

第六节　园林植物修剪与整形

一、修剪、整形简介

修剪是指对植物的某些器官（如枝、叶、花、果等）加以剪裁或疏删，以达到调节生长、开花结果目的的措施。整形则是指用剪、锯、捆绑、扎等手段，使植物长成具有特定形状的措施。

整形是修剪树木的整体外表，修剪则是在整形的基础上继续培养和维护良好树形的重要手段，两者简称树木的修整。

二、园林植物修整的目的

1.提高园林植物移栽的成活率

苗木在起运时，难免会伤害到根部，同时在苗木移栽后，受伤的根部不能及时供给地上部分充足的水分和养料，最终造成树体吸收和蒸腾的比例失调。因此，在起苗之前或起苗之后，应该适当地剪去过长根、劈裂根、病虫根，疏去徒长枝、过密枝、病弱枝，需要的话，还要适当地摘除部分叶片，尤其在大树移植时，高温季节要截去若干主、侧枝，以确保苗木栽植后能顺利成活。

2.美化树形

（1）每种植物都有其自然美的树形，但从园林景点的需要来说，仅仅单纯的自然树形是不能满足园林绿化的要求的，因此必须通过适当的人工修剪整形，使得植物在自然美的基础上，体现出自然与艺术揉为一体的美。例如，现代园林中规则式建筑物前的绿化，不仅需要具有自然美的树形来烘托，还需要具有艺术美的树形，换言之，是将植物修整成规则或不规则的特殊形体，以进一步衬托出建筑物的线条美。

（2）从树冠结构上来说，经过人工修剪整形后的植物，会具有更科学、更合理的各级枝序、分布和排列。此外，合理的修整，使得各层的主枝不仅在主干上分布有序，错落有致，还各占一定方位和空间，达到互不干扰、层次分明、主从关系明确、结构合理的效果，最终使得树形更为美观。

3.协调比例

（1）园林中放任生长的植物往往树冠庞大，然而在园林景观中，由于园林植物有时只作为配景应用，或起到陪衬的作用，反而不需要过于高大。此时可以通过合理的修剪整形来对其做一定的调整，及时调节植物与环境之间的比例，保持它在景观中应有的位置，以便和某些景点或建筑物形成相互烘托、相互协调的关系，或者形成强烈的对比效果。例如，在建筑物窗前的绿化布置，往往要求美观大方和利于采光，因此在跟前常配植一些灌木或球形树；而与假山配植的树木，采用修剪整形的方法，是为了控制植物的高度，达到以小见大的效果，更加能衬托出山体的高大。

（2）就植物本身来说，树冠占整个树体的比例是否得当，直接影响到树形的观赏效果。因此，合理的修剪整形，表面上是协调冠高比例，实质上是确保树木的观赏效果。

4.调整树势

（1）通过修剪还可以促进其局部的生长。树木枝条的位置各异，因而枝条的生长也是有强有弱，容易造成偏冠、倒状的结果。此时，要尽早通过修剪来改变强枝的先端方向，并开张角度，使其处于平缓的状态，达到减弱生长或去强留弱的效果。修剪过程中，修剪量不能过大，以免削弱树势。

（2）对于不同的树木种类，具体是"促"还是"抑"各有不同，也因修剪方法、时期和树龄等而异，既可使过旺部分弱下去，又可使衰弱部分壮起来。

5. 调节矛盾

城市中的市政建筑设施复杂，常常与植物枝条发生矛盾。尤其是一些行道树，常常是上有架空线，下有管道电缆线，还有地面的人流车辆等问题，合理的整形修剪可以使树枝上不挂电线，不妨碍交通人流。

6. 增加开花结果量

正确的修剪可以使树体的养分集中，并使新梢生长充实，同时促进大部分的短枝和辅养枝生长成为花果枝，形成较多的花芽，从而可以达到花开满树、果实满堂的目的。此外，通过适当的修剪不仅可以调整营养枝和花果枝的比例，促使其提早开花结果，还可克服大小年的现象，从而提高树木的观赏效果。

7. 保证园林植物健康生长

适当的修剪整形可以使得树冠内各层枝叶获得新鲜的空气和充分的阳光。与此同时，通过适当的疏枝，不仅增强了树体通风透光的能力，还提高了园林植物的抗逆能力，减少了病虫害的发生概率。冬季的集中修剪，主要是同时剪去病虫枝和干枯枝，既能保持绿地的清洁，又能防止病虫的蔓延，从而促使园林植物更加健康地生长。

此外，树木衰老时，可以进行重剪，主要是剪去树冠上绝大部分侧枝，或分次锯掉主枝，以刺激树干皮层内隐芽萌发，有利于新老枝之间的更替，从而达到恢复树势、更新复壮的目的。

8. 改善透光条件

自然生长的植物，往往会出现树冠郁闭、枝条密生、内膛枝细弱老化、冠内相对湿度大大增加等现象，而且给喜湿润环境病虫（介壳虫、蜘蛛等）的繁殖和蔓延提供了有利的条件。此时，合理的修剪、疏枝，可以使树冠内通风透光，大大减少病虫害的发生。

9. 创造最佳环境美化效果

（1）在园林景观设计中，常常将观赏树木以孤植或群植的形式互相搭配造景，多配植在一定的园林空间中或建筑、山水、桥等园林小品附近，以产生相得益彰的艺术效果。

（2）正确合理的整形修剪可以更好地控制树木的形体大小比例，达到以上目的。例如，在狭小的庭园中或假山旁配植观赏树木，然后用修剪整形的手段来控制其形体大小比例，以达到小中见大的效果。

（3）当多种树木相互搭配时，通过修剪的手法可以创造出有主有从、高低错落的别致景观。

（4）一些优美的庭园花木，经过多年的生长，就会长得繁茂，拥挤，有的甚至会影响到游人的散步行走，从而失去其绿化和美丽的观赏价值。因此，必须经常对其修剪整形，保持其美观与实用的功能。

三、园林植物修整的原则

1.园林绿化原则

园林绿化的不同目的，要求有不同的修剪整形，因为不同的修剪整形措施会造成不同的绿化后果。因此，园林植物在修整前，必须明确园林绿化的目的和对该植物的要求。例如，作为桧柏而言，将它单独在草坪上作为观赏与作为绿篱栽植，明显有完全不同的修剪整形要求，因而具体的修剪整形方法也就大相径庭。

2.树种的生长发育习性原则

不同树种具有差异很大的生长习性，因此必须采用不同的修剪整形措施。例如，对一些喜光树种，如梅、李、桃、樱等，可采用自然开心的修剪整形方式，易于多结果实；对于一些顶端生长势不太强、发枝力很强、易于形成丛状树冠的树种，如栀子、桂花、榆叶梅、毛樱桃等，可修剪整形成圆球形或半球形等形状，有利于生长势的调整；对于呈尖塔形、圆锥形树冠的乔木，如银杏、钻天杨、毛白杨等，由于其顶芽生长势强，枝条形成明显的主从关系，因此可采用保留中央领导干的整形方式，将其修剪整形成圆柱形、圆锥形等；对于像龙爪槐等具有曲垂而开展习性的树种，可以采用将主枝盘扎为水平圆盘状的方式，以利于树冠呈开张的伞形。

提示：

植物所具有的萌芽发枝力的大小和愈伤能力的强弱都对修剪整形的耐力有着很大的影响。萌芽发枝能力很强的树种，耐修剪的次数多，如女贞、悬铃木、大叶黄杨等。而一些萌芽发枝力弱或愈伤能力弱的树种，如玉兰、枸骨、梧桐、桂花等，由于修剪耐力小，因此应少进行修剪或轻度修剪。

3.植物生长地点的环境条件及特点原则

植物的生长发育与环境条件具有密切的关系，即使园林绿化目的要求相同，而环境的条件不同，具体的修剪整形也会有所不同。

四、园林植物的修剪

1.方法

（1）修眠季

1）截。截从狭义上讲是指一年生枝剪去一部分，又称"短截"。短截根据修剪的程度可以分为轻短截、中短截、重短截、极重短截和回缩。

2）疏。疏是指将一年生枝从基部剪除，又称疏剪或疏删。生长季所采用的抹芽、摘叶、去萌等修剪方法也属于疏的范畴。疏的主要作用如下。

老弱枝。在老弱枝中，有的是衰老的枝条，有的是生长细弱短小的枝条，还有的是既老又小的枝条。老弱枝的生长势都很衰弱，而且合成的有机物不能做到自给自足，多数由于营养不良而不能形成花芽。

伤残枝。伤残枝是由于某种原因而将枝条折断或撕裂或擦伤枝皮而形成的，无论是哪种情况，均会影响树木的正常生长，同时影响到美观效果。对于伤残枝，能救治的一定要设法救治并补偿损失，不能救治的则应及早地剪除。

病虫枝。病虫枝是指一些被病菌感染或遭蛀虫害而生长不良的枝条。剪除病虫枝是为了防止病虫害的蔓延，以使树木能够健康地生长。例如，具有日灼病的苹果、梨、花楸、樱花，具有炭疽病的悬铃木，具有枯萎病的槭树和榆树等，在疏剪时都应从感病位置疏除。此外，部分遭小蠹虫、天牛、介壳虫等危害的枝条也应及时剪除。

（2）生长季的修剪方法

1）摘心。摘心俗称卡尖或捏尖，是指将新梢顶端摘除的技术措施。摘心多用于花木的整剪，还常用于草本花卉上。例如，园林绿化中较常应用的草本花卉，大丽花经过摘心可以培育成多本大丽花；大丽菊要想达到一株可着花数百朵乃至上千朵，必须经过无数次的摘心才可以；在一串红小苗出现 3～4 对真叶时进行摘心，可以促其生出 4 个以上的侧枝从而使一串红植株饱满匀称，如此才能更好地布置花坛和花径。

2）抹芽和除梢。抹芽又称除芽，是指将多余的芽在萌发后及时从基部抹除。除梢是指在萌芽抽生成嫩枝时，将其剪除或掰除。抹芽和除梢不仅可以改善树冠内通风透光与留下芽的养分供应状况，以增强其生长势，还可以避免冬季修剪所造成的过多过大的伤口。例如，对于行道树，会在每年夏季对主干上萌发的隐芽进行抹除，一方面，是为了减少不必要的营养消耗，以保证行道树健壮地生长；另一方面，是为了使行道树的主干通直，避免对交通的影响。有时还可将主芽抹除，目的是为了抑制顶端过强的生长势或延迟发芽期，促使副芽或隐芽的萌发。

3）摘叶。摘叶是指带叶柄将叶片剪除。通过摘叶可以改善树冠内的通风透光条件，如观果的树木果实在充分见光后着色好，增加了果实美观程度，同时提高了其观赏效果。摘叶还可以有利于防止病虫害的发生，如对枝叶过密的树冠进行摘叶。摘叶同时还具有催花的作用，如广州在春节期间的花市上都会有几十万株桃花上市，但在此时期，并不是桃花正常的花期。原来，花农根据春节时间的早晚，在前一年的 10 月中旬或下旬就对桃花进行了摘叶的工作，才使得桃花在春节期间开放。还有在国庆节开花的北京连翘、丁香、榆叶梅等本应春季开花的花木，也是通过摘叶法进行了催花。

4）去蘖。去蘖又称除萌，是指嫁接繁殖或易生根蘖的树木。在观花植物中，桂花、月季和榆叶梅在栽培养护过程中经常要除萌，目的是防止萌蘖长大后扰乱树形，并防止养分无效地消耗；蜡梅的根盘也常萌发很多萌蘖条，除萌时应根据树形来决定适当的保留部分，再尽早地去掉其他的，以保证养分、水分的集中供用；而对牡丹、芍药，由于牡丹植株基部的萌蘖很多，因此除了有用的以外，其余的均应去除，而芍药花蕾比较多，就可以将过多的、过小的花蕾疏除，以保证花朵大小一致。

5）摘蕾、摘果。有关摘蕾、摘果，如果是腋花芽，则属于疏剪的范畴；若是顶花芽，则属于截的范畴。

6）折裂。折裂是指在早春芽略萌动时，便对枝条施行折裂处理，目的是为了曲折枝条，使之形成各种各样的艺术造型。折裂的具体做法是：先用刀斜向切入，在深达枝条直径的 1/2～2/3 处，小心地将枝弯折，然后利用木质部折裂处的斜面相互顶住，以防伤口水分过多地损失，往往会在伤口处进行包裹。

7）扭梢、拿枝。扭梢是指将生长旺的梢向下扭曲，使木质部和皮层因被扭伤而改变了枝梢方向；拿枝是指用手对旺梢自基部到顶部慢慢地捏一捏，响而不折，但伤及木质部，两者都是将枝梢扭伤的措施。扭梢和拿枝不仅可以促进中、短枝的形成，有利于花芽的分化；还可以阻碍养分的运输，从而使其生长势变得缓慢。

8）环剥。环剥即环状剥皮，是指将枝干的皮层与韧皮部剥去一圈的措施。

9）屈枝。屈枝是指在生长季将新梢施行屈曲、绑扎或扶立等诱引技术措施。屈枝虽未损伤到任何组织，但当直立诱引时，可以增强植株的生长势；水平诱引时，则会产生中等的抑制作用，反而使组织充实，花芽易形成，或者使枝条中、下部形成强健的新梢；当向下屈曲诱引时，则有较强的抑制作用，常应用于对观赏树木造型。

10）圈枝。圈枝是指在幼树整形时为了使主干弯曲或呈疙瘩状，而常采用的技术措施。圈枝可以使生长势缓和，植株生长不高，并能提早开花。

11）撬树皮。此方法是为了在树干上某部位有疣状隆起，好似高龄古树的老态龙钟。实施时，是在植株生长最旺的时期，用小刀插入树皮下轻轻撬动，以使皮层与木质部分离，几个月后，这个部分就会呈现出疣状隆起。

12）断根。断根即将植株的根系在一定范围内全部切断或部分切断。断根常用于植株的抑制栽培，由于在断根后可刺激根部发生新的须根，因此在移栽珍贵的大树或移栽山野里自生的大树时，往往会在移栽前 1～2 年进行断根，目的是为了在一定的范围内促发新根，这一举动非常有利于大树的移栽成活。

2. 修剪时间

园林植物的修剪工作，随时都可以进行，如剪枝、抹芽、摘心、除叶等。有些植物由于伤流等原因，要求在伤流最少的时期内进行，因此绝大多数植物以冬剪和夏剪为宜。

（1）休眠期修剪

1）冬剪时期，植物各种代谢水平都很低，体内养分大部分回归根部或主干，修剪后营养损失最少，且修剪的伤口不易被细菌感染至腐烂，对植物生长影响较小，因此修剪的程度可以大一些。

2）由于冬季修剪对观赏树种树冠的构成、枝梢的生长、花果枝的形成等有重要的影响，因此修剪时要考虑到树龄。对幼树的修剪通常以整形为主；对观叶树通常以控制侧枝生长、促进主枝生长为目的；对花果树则重点培养构成树形的主干、主枝等骨干枝，以便早日成形，提前观花观果。

3）冬季寒冷地区树木的冬剪最好在早春萌芽前进行，避免剪口受冻抽干。而对一些入冬前需要防寒保护的花灌木和藤本植物，如月季、牡丹、葡萄等，可在秋季落叶后进行修剪，再埋土或作包裹防护。

4）冬季温暖地区的树种宜在树木落叶后到第二年树液流动前的时期进行修剪，这样剪口愈合慢，但不至于受冻抽干。

5）在热带和亚热带地区，冬季由于树木生长较慢，因此是修剪大枝干的最佳时期。

6）在北方冬季严寒的地区，由于修剪后的伤口易受冻害，因此以早春修剪为宜，但不能过晚。早春修剪宜在植物根系旺盛活动之前，营养物质尚未由根部向上输送时进行，这样可减少养分的损失，而且对花芽、叶芽的萌发影响不大。对于有伤流现象的树种，如葡萄、核桃、四照花等，由于在萌发后有伤流发生，而且伤流使植物体内的养分与水分流失过多，易造成树势衰弱，甚至枝条枯死的现象，因此应在春季伤流期前修剪。例如，由于核桃在落叶后11月中旬开始发生伤流，因此应在果实采收后，叶片枯黄之前进行修剪。

（2）生长期修剪

1）夏剪时期，植物的各种代谢水平均较高，而且光和产物多分布于生长旺盛的嫩枝、叶、花和幼果处，因此修剪会造成大量养分的损失。这一时期的修剪程度不宜过大，因为修剪程度过大，会由于叶面积的大量减少而导致光合产物锐减，极大地减缓植物生长发育进程。

2）行道树及花果树的夏剪，主要是为了控制直立枝、徒长枝、竞争枝、内膛枝的发生和长势，以集中营养供骨干枝旺盛生长的需要。

3）夏剪要求修剪程度轻，因此要灵活掌握，特别注意以下原则。

a.春季和夏初开花的花灌木类，如蔷薇、迎春、玉兰、连翘、樱花、丁香花、榆叶梅、贴梗海棠、垂丝海棠、棣棠花等，应在花后对花枝进行短截，以促进新的花芽分化，为下一年的开花提前做准备。

b.夏季开花的花木，如木槿、紫薇、迎夏、金银花、珍珠梅、木本绣球等花木，在开花后期就应立即修剪，否则当年的生侧枝就不能形成新的花芽，因为会影响来年的花量。

c.观叶类树木如金叶女贞、小叶黄杨、红叶小檗等，在生长旺季要随时对过长的枝条进行短截，以促生更多的侧枝，避免树冠中空。而对于棕榈类树木，则应随时剪除下部衰老、枯黄、破碎的叶片。

d.绿篱的夏季修剪主要是为了保持整齐美观，剪下的嫩枝同时可作插穗。由于常绿植物没有明显的休眠期，因此可四季修剪，但在一些冬季寒冷的地区，由于修剪的伤口不易愈合，易受冻害，所以该活动一般应在夏季进行。

3. 修剪目标

（1）下垂枝

1）与正常枝生长方向相反，下垂枝向下方伸长，影响了树形的美观和整齐。

2）在修剪下垂枝时，注意分清楚内芽和外芽。在靠近内芽一侧修剪，因为整理如果不成圆形，树形会很难看；而在靠近外芽一侧修剪，因有利于修剪成伞形，反而比较美观。

（2）徒长枝

1）徒长枝枝条多近直立生长，在视觉上不是很美观。但其生长能力强，若是放任不管，则会消耗掉大量的养分，造成其他枝条发育不良。

2）一般在夏季进行徒长枝的修剪，夏季修剪不好时，往往会再次萌发出大量的徒长枝，因此冬剪时还需要再对徒长枝进行一定的处理。徒长枝如果没有未来的发展空间，一般应完全剪除；但若是生长部位空虚，则可留20～30cm的长度短截，待侧枝萌发后再选留方向合适的枝条。

（3）竞争枝

竞争枝是指由剪口以下第二、三芽萌发生长直立旺盛，与延长枝竞争生长的枝条。竞争枝在修剪时，应结合实际情况进行短截，以培养结果枝组，当然也可以从基部剪除或拉平作为辅养枝或者换头。

（4）重叠枝、交叉枝和内膛枝

这些枝条是指那些会造成相互之间生长空间拥挤的枝条。修剪时，如果一个枝条从距离和角度上判断会伸入其他枝条生长空间，而造成局部空间枝条密集时，则通常把较为弱小的枝条切除掉，目的是为了使另一个强壮的枝条拥有需要的生长空间。

（5）干扰枝

易于对建筑、其他植物或汽车和人活动等产生干扰的枝条，称为干扰枝，修剪时必须剪除。

（6）枯死枝和患病枝

枯死枝和患病枝通常不会挂有树叶或果实，很可能是畸形的或树皮的颜色不正常。这些枝条在修剪时，要坚决地切除掉，不会影响到树木的健康成长。对于有些不容易辨别出来的枯死枝和患病枝，可以等到树木开花的时候，如果这些枝条上没有生长任何东西，就可以断定是枯死枝和患病枝。

（7）根蘖

如果不考虑进行丛生型造型时，根蘖一般都要剪除掉，否则会影响上部枝条的正常生长。根蘖的修剪宜选择在冬季进行，而且要刨开土层，从基部剪除，否则第二年还会再长出来。

五、园林植物的整形

1. 方法

（1）自然式整形

自然式整形是在树木本身特有的自然树形基础上，稍加人工的调整与干预。自然式整形的树木生长良好，发育健壮，而且能充分发挥出其应有的观赏特性。自然式整形多用于庭荫树、风景树或有些行道树的整形。自然树形通常有以下几种形状。

扁圆形：如槐树、桃花、复叶槭等。

圆球形：如馒头柳、珊瑚朴、圆头椿、黄刺玫等。

圆锥形：如桧柏、云杉、雪松等。

圆柱形：如杜松、箭杆杨、钻天杨等。

卵圆形：如银杏、苹果、毛白杨等。

广卵形：如樟树、罗汉松、广玉兰等。

伞形：如合欢、垂枝桃、鸡爪槭、龙爪槐等。

不规则形：如迎春、连翘、沙地柏等。

（2）人工式整形。根据园林绿化的特殊要求，有时会将树木整剪成有规则的几何形体，如方形、圆形、多边形等，或是整剪成一些非规则式的各种形体，如鸟、兽等。人工式整形违背了树木生长发育的自然规律，因此抑制强度较大；而且所采用的植物材料要求萌芽力和成枝力均强，并且要及时修剪枯干的枝条，更换已死的植株，如此才能保持树木的整齐一致。

此类整形方式主要选择枝条茂密、柔软、叶形细小且耐修剪的树种，如圆柏、侧柏、榕树、冬青、女贞、迎春、榆树、枸骨、罗汉松、珊瑚树等。制作时，先是通过铅丝、绳索等用具，采用盘扎扭曲等手段，根据一定的物体造型，将其主枝、侧枝构成骨架，然后通过绳索的牵引将其小枝紧紧地抱合在一起，或者直接按照仿造的物体进行细致的整形修剪，最后整剪成各种雕塑式形状。

（3）自然与人工混合式整形。这类混合的整形方式是指修剪者根据树种的生物学特性及对生态条件的要求，将树木整剪成与周围环境协调的树形，这多应用于花木类中。这种整形方式虽然是在自然树形的基础上加以人工的干预，但干预的程度影响着树木的生长发育。如有的干预程度大，对树木的生长发育就具有一定的抑制作用，而且比较费工，因此要在土、肥、水管理的基础上才能达到预期的效果。自然与人工混合式整形一般只用于观花、观枝、观果的花木类上，主要目的是为了使枝色鲜亮，花与果繁密、硕大、颜色鲜艳等。

通常的分类形式包括有中干形和无中干形两种。

1）有中干形。根据主枝配列方式，有中干形一般又可分为分层形和疏散形两种，多应用在大的乔木和果树上。

2）无中干形。无中干形又可分为自然开心形、自然杯状形、丛球形和棚架形。

2. 园林植物整形的时间

园林植物整形时间基本与修剪时间相同，不再详述。

3. 整形技术要点

整形是修整苗木的整体形态，目的是为了保持树木均衡生长的树势和良好的树形，同时也保证了良好的开花结果性状。在整形时应注意以下要点：

（1）改变分枝的角度。过强的枝条大都直立向上生长，因此着生角度较小。可以通过修剪来改善其着生角度，并削弱生长势，以达到调整枝条生长方向的目的。在园林植物的整形实践中，除了对一些大枝采用拉绳、木棍支撑等方法加以调节外，还可在早期就正确地选留剪口芽，以便使新生枝在树冠上合理地分布。

（2）强枝强剪，弱枝弱剪

1）对于生长势较弱的枝条应进行轻剪，以促使剪口芽萌发，使原来的老枝继续向前延长生长，从而保持树冠上各部位枝条的长势均衡。而对生长过强的枝条应进行重剪，目的是促使剪口下面的几个侧芽同时萌发，平衡营养，以削弱原有枝条的生长势。

2）但是对于一些生长延伸过长、中部空缺的延长大枝不要一次修剪过重，否则会刺激隐芽大量萌发，长出许多无用的徒长枝而消耗掉大量的营养，因此应当分次进行，使它们和同级枝条的长度最终保持一致。

（3）更换中央领导枝或中央主枝

1）当树势较弱时，由于树冠中部或下部的侧枝大多比较稀少，叶片也寥寥无几，因此最好的选择是把乔木类树种的中央领导枝或中央主枝锯掉，以促使树冠中下部的侧芽或隐芽萌发形成丰满的树冠。这种方法又称"换头"，既可以防止树冠中空，又能压低开花结果的部位，从而改变树冠的外貌，使其向四周发展。

2）竞争枝的处理。竞争枝在整形时，应当选留一根生长比较正常的枝条而剪掉另一根，以使局部树势保持平衡。

3）辅养枝的处理。辅养枝如果不是过分稠密或者不互相交叉干扰，应当尽量保留它们，以便充分利用树冠当中的空膛来增加叶片面积。这样也对形成花芽、开花结果及树体的生长速度有利。但若是过密或交叉干扰，则应以疏除为主。

4. 剪口的保护

整形修剪时应注意尽量减小剪口创伤的面积，并且保持创面平滑、干净。

创伤面积若较大，可先用利刀削平创面，然后用 2% 的硫酸铜溶液消毒，再涂上保护剂，这样可以有效地防止伤口由于日晒雨淋、病菌入侵而导致腐烂。在伤口保护剂中，效果较好的有以下几种。

（1）液体保护剂。液体保护剂主要用松香 10g、松节油 1g、动物油 2g、酒精 6g（按质量计）配制而成。制作时，首先把松香和动物油一起放入锅内加热，待其熔化后立即停火，稍微冷却后再倒入酒精和松节油，搅拌均匀，最后倒入瓶内密封贮藏。液体保护剂适用于面积较小的创口，在使用时用毛刷涂抹即可。

（2）保护蜡。保护蜡是用黄蜡1500g、松香2500g、动物油500g配制而成的。制作时，首先把动物油放入锅中加温火熔化，再将松香粉与黄蜡放入其中，并进行不断搅拌至全部熔化，熄火冷凝后即成，最后取出装入塑料袋密封备用。保护蜡一般适用于面积较大的创口，使用时只需稍微加热令其软化，即可用油灰刀蘸涂。

（3）油铜素剂。油铜素剂是用豆油1000g、热石灰1000g和硫酸铜1000g配制而成的。制作时，首先将硫酸铜、熟石灰预先研成细粉末，然后将豆油倒入锅内煮至沸热，再加入硫酸铜和熟石灰，搅拌均匀，冷却后即可使用。

第四章　园林绿化管理

第一节　园林绿化技术管理

随着社会发展和科技进步，人们越来越关注自身生活环境的质量，对优质园林景观的需求日益增加，而优质园林景观的产生需要依靠园林工程建设来实现。园林绿化工程建设可以增加城市绿色植被的拥有量，改善生态环境，有助于形成良好的城市风貌。结合实际情况，积极制定和运用高效、科学的养护管理措施，可以进一步提高植被的成活率、提升树木的成材率，为打造优质的园林景观奠定坚实的基础。

一、园林绿化施工与养护的意义

伴随我国经济水平的不断提升，人们的生活水平也在不断提升，城市居民在追求丰富的物质生活的同时还会对精神文化生活提出更高的要求。城市绿化建设与居民精神生活建设之间存在密不可分的关系。心理学相关研究指出，人们的心情与生活环境有密不可分的关系，优美的生活环境自然会使得居民心情变好，如果生活环境恶劣，居住者心情压抑的比例会提升很多。当前城市建设过程中园林绿化施工是一个十分重要的环节。除此之外，城市旅游资源的发展也与园林绿化直接挂钩，良好的园林绿化环境会带来更多的旅游资源，能够吸引更多的人才落户在城市，从侧面促进城市的经济发展。现阶段我国城市环境整体较差，污染现象日渐严重，伴随国家出台的各种政策，所有的矛头都直指城市环境污染。现如今城市道路上车辆数量已经达到一个很高的数量级，尾气排放问题日益严重，大多数城市排放不达标的工业建筑数量越来越多，空气污染的程度也越来越严重，北方城市冬季的烧煤取暖使得北方城市冬天雾霾天气频发。而园林绿化对上述的污染问题都有直接的改善作用，为优化城市环境提供了有力的支持。

二、园林绿化养护技术要点

（一）定点放线技术要点

植物栽植定点放线的基本做法包括基准线定位法、平板仪定点放线法、网格法、交会法、支距法，可根据实际情况确定不同的定点放线方法。规则式种植时，树穴位置应整齐排列，每50m左右钉一个控制木桩，木桩位于株距之间，树穴中心可用镐刨坑后放白灰；孤立树定点时，应将写明树种和树穴规格的木桩钉在树穴中心；自然式种植时，用白灰线标明树丛的范围，可以用坐标定点法、仪器测放法、目测法等方法定点；绿篱和色带、色块定点时，用白灰线在沟槽边线处标明。定点放线后，应请设计或有关人员验点，验点合格后才可以进行施工。

（二）科学选苗

苗木的种类和苗木的质量对城市园林绿化的效果至关重要。因此，在园林绿化建设中，首先，要根据当地的土壤、气候条件等选择适合在当地生长的苗木品种，不应该为了突出"品位"或"个性"，忽视当地的实际情况，盲目地引进一些所谓的"高级"树种。这些树种的苗木栽植后，常因为气候、土壤以及病虫害的影响，变得"水土不服"，出现生长发育缓慢、幼苗死亡率高的现象，既影响了园林的整体美观，也浪费了大量资金。其次，还要重视苗木的质量，不要选择感染了病虫害和长势较差的苗木，选择的苗木要符合园林绿化种植标准的要求。最后，尽量减少苗木的运输距离，缩短运输时间，尽量避免苗木在运输过程中受到损伤，从而降低苗木的成活率。

（三）施肥

由于土壤当中所含植物生长所需的营养成分有限，因此，需要人工施肥来补充土壤所流失的营养成分。施肥时需要遵循基本的原则有以下三点。第一，少量多次。不仅要保证土壤的营养结构和物理结构不能发生改变，还要保证植物生长所需要的养分充足，尤其是氮、磷、钾的有效供给。第二，需要结合植物的生长特点来决定施肥的次数，同时还需要考虑季节因素，一般要求在秋冬季施基肥，在夏季生长旺盛阶段施复合肥。第三，在进行土壤施肥时，至少要保证每年不少于两次的追肥工作，并且需要均匀地施肥。

（四）病虫害防治

园林植物病虫害的防治是绿化养护管理的重要内容之一，是保障园林生态系统健康的重点工作。结合园林生态系统的特点，总结出以下病虫害的防治措施。①针对不同植物制定不同的防护机制，特别关注重点养护植物，从根本上减少植物病虫害的发生概率，使植物健康生长。②针对植物病虫害的实际情况，对已经发生病虫害的植物进行隔离和处理，避免虫害蔓延。③清理苗圃。重点消杀幼虫、病菌、越冬卵。冬季，对植物的枯枝落叶进行深埋处理。④涂白保护。越冬前，将硫黄与石灰混合而成的涂料涂抹在树干上，以达到清除寄存在树干中的螨类虫害与蚧虫的目的。⑤重点防护对病虫害防御能力弱的植物群体，对植物进行定期修剪，确保被病虫害侵袭的枝叶及时被处理，最大限度避免病虫害的扩散。

三、园林绿化养护管理措施

（一）做好施工前准备工作

一方面，要组织设计交底、图纸会审工作，绿化施工需严格按照图纸施工，图纸交底时需要设计单位向施工方交代清楚设计思想、设计理念，确保施工中可以灵活应用、搭配植物。另一方面，需做好施工组织，园林工程建设包含多个单项工程，需要施工中加强配合协调，因此，需设立统一领导部门，协调各项目和各部门顺利施工。在获取施工项目后，根据设计要求完成概预算，准备好施工材料、设备和施工队伍等。结合施工进度要求安排各项资源进场，确保施工顺利进行。同时，明确各部分施工负责人员和机构，其中包含养护组。

（二）坚持采用科学的园林绿化养护方法

进行园林绿化养护工作的最终目的是使园林景观可以呈现出最佳的环境和视觉效果，在保证城市环境质量的同时，对生态平衡也起到积极的推动作用。在进行园林绿化养护过程中需要科学地进行浇水、施肥、修剪和除草，对园林的基础设施进行及时的检修和维修，只有这样，才能使园林景观发挥应有的价值。

（三）提升居民对园林施工的重视程度

城市绿化施工不仅仅是国家与相关政府部门的事，在城市中生活的每一个居民都应该保护绿化施工成果。园林绿化施工养护工作的质量与城市居民的生活质量直接挂钩，更与每一个公民的自身利益相关。要强化园林绿化施工与养护工作的成果，政府部门就一定要提升城市居民对园林绿化施工意义的认识，提升公民园林绿化施工养护的素养。

（四）推行规范化施工

园林绿化工程施工可以借鉴建筑施工，建立起完善的施工标准，依据相关规范验收。在施工中仔细填写台账等资料，方便竣工后验收管理。安全管理方面项目经理部可制定安全生产责任制和管理体系，相关人员做到持证上岗。施工前编制好安全保证计划，经项目经理批准实施，其中包含控制程序、组织结构、权责制度和安全措施等。分析施工安全风险，配备足够的防护用具，采取可靠技术措施降低安全风险。

园林能够为城市居民生活提供娱乐和休闲的场所，使人们能够在紧张的工作学习之余放松身心。园林也能够净化城市空气，促进生态平衡，为此需要科学地做好园林绿化养护技术以及管理工作，使园林景观能够长久保持在最佳的理想状态，供人们休闲、观赏以及游玩。

第二节　园林绿化艺术管理

城市园林绿化能有效地保护自然环境，并对自然环境进行再创造，促进城市文明的可持续发展，优化环境质量，发展民族文化，提高人们的生活质量。全面研究城市园林绿化，能够使园林工作人员充分利用园林绿化植物，通过科学方法，依托天然植物群落，提高城市的绿化程度，为人们创造更舒适的生活空间。随着我国对城市绿化和生态的高度重视，城市园林绿化已经成为大多数人非常关心的事情。然而，尽管取得了相当大的成绩，城市绿化问题依然存在，还需要进一步的完善。

一、对城市园林进行绿化的重要作用

园林中的植物非常多，这些植物具有很强的综合能力，这一功能只能属于整个生态系统内的植物，其他元素无法替代。对植物进行合理布局，可以刺激各种生物的发育，也可以保持社会稳定，改善旅游投资环境，带动经济发展。城市园林绿化可以创造许多栖息地，这些栖息地有的是自然栖息地，有的是人工栖息地。改善许多植物、动物等的生活条件来促进生物多样性，可以达到环境保护的目标。城市园林绿化是工作人员运用多种技术改造和模拟自然环境的过程，旨在保护城市自然环境，通过应用现代技术，为植物创造有利条件，促进其生长，进而对环境进行保护。

二、城市园林绿化现状

我国植物资源丰富，园林植物资源十分多样。植物多样性作为园林植物群落多样性的基础，往往影响着城市景观的丰富性。然而，目前我国城市园林使用的植物种类相对较少。在园林绿化过程中，绿化性质是一个非常重要的方面，不仅关系到园林绿化的生态效益，而且也与人们的文化建设息息相关，解决这一问题是促进城市园林可持续发展的基础。在当今瞬息万变的环境中，地理特征变得十分重要。绿化工程已成为每个城市的名片。然而，现在大多数绿地都是相似的，因为很多园林绿化工作人员缺乏创新能力，只会一味地模仿，盲目借鉴国外经验，忽视植物多样性，无法良好表现出园林景观的特征。

由于人口众多，土地资源有限，城市园林绿化给大多数城市带来了很大的财政困难。为确保更有效的开支，有关行政单位必须改善资金的分配和管理。目前，绿化建设资金使用率不断提高，但还存在一系列问题。由于预算方案范围较广，审批程序复杂，资金的安排不合理，导致绿化资金浪费现象严重。

虽然城市景观的地位不断提高，绿化水平也有了明显提高，但我国绿化管理和养护工作仍落后。在园林景观开发领域，对园林管理养护缺乏关注，政府和企业对园林养护工作不够重视，园林绿化工作因缺乏对环境保护的科学研究和应用，损坏现象非常严重。另外，人们的环境保护意识淡薄，破坏园林植物的行为时有发生，导致绿化工作无法有效开展。

三、城市园林绿化关键技术

（一）城市园林规划设计

城市园林绿化最重要的是规划和设计。要进行合理的规划和设计就需要了解绿化的水平和质量。首先，在规划设计中，必须注意以人为本的设计原则。在设计中必须结合城市发展，充分考虑人们生活领域的需要。植物的组成和整体配置必须科学合理，还要注意人们的休息、停留和观赏的合理规划，设计必须适应城市发展的景观，保证植被的生态质量。在城市园林绿化的设计过程中，设计者应详细研究设计原则和规划方案，分析城市与生态环境的关系，确立城市可持续发展的战略目标。其次，城市园林绿化设计应重视因地制宜的原则。由于城市由不同大小的板块组成，不同的板块具有不同的社会功能。在景观设计中，设计师应根据几个领域的发展进行设计，要反映当地特色，保护当地物种，结合当地文化特色，最终制定科学的规划。最后，城市生态环境设计方案应注重城市景观的艺术特色。在城市景观设计中，绿化艺术是景观建设的重要组成部分。在现代城市园林规划设计中，运用传统园林时空处理方法，有效地将传统艺术与景观融为一体，完美展现传统艺术之美，满足现代园林设计要求。

（二）植物配置技术

植物配置是园林工程建设过程中的一项重要技术。必须充分了解植物的生长习性，结合景观规划，实现物种的合理组合和分布。不同类型的植物对土壤环境和气候有不同的要求，因此在园林规划过程中应采用就地栽培和土壤改良。同时，在设计园林时，必须注意不同的园林特性，并相应地选择具有不同功能的植物。不同的高度和颜色有助于提高园林的美感。植物的组成不是一个随机的种植过程，选择植物需要有一定的特殊性，不同的植物需要放在不同的地方，这都需要工作人员仔细规划。在株高、密度和乔木灌木比例方面，工作人员必须坚持科学原则，以便尽可能做到匹配合理。在树木繁茂的地区，可以种植相对较低的灌木来丰富这个地方。我国有丰富的植物资源，不同的植物有不同的颜色、形状、质地、高度和生长习性。为了展现最美的状态，工作人员必须注意整体的色彩并注重协调。植物在每一个季节都有不同的颜色，所以在种植时，应该灵活地进行协调。

（三）苗木的种植

在选择园林植物时有许多考虑因素。一般来说，应选择健康、生命力强、形态美丽的植物。特别是植物病虫害，这是阻碍园林植物生长的重要因素之一，严重威胁着植物的生长和生存。所以应针对特定植物物种的病虫害采取有效的预防措施。在北方种植一些南方植物，必须防止伤口结霜，并及时采取保暖措施，以防止寒冷天气对绿色植物造成损害。还需要对植物进行适时的修剪。在绿化和养护过程中，植物的修剪非常重要。定期修剪可以帮助植物生长得更快，改善植物的外观。在进行挖掘时，需要提前了解和科学分析植物物种的根系。这可以有效提高植物的成活率，促进植物健康强壮地生长。在进行苗木的栽植以及浇水时，必须将植物压平，以确保植物的深度。摘苗后需尽快种植。在给植物浇水时，应在栽种后及时浇定根水。浇水应一次浇透，相对均匀，无明显干旱或局部积水。应在夏秋季节早、晚浇，冬季和早春应在中午进行浇水。在植物生长过程中，根部受损的植物需要更精细的水分管理，可以适当地喷洒叶片表面，以有效保证植物生长所需的水分。

（四）养护管理技术

在城市园林绿化过程中，必须注意养护工作的有效落实，这不仅关系到植物的正常生长，而且对城市生态环境有重大影响。管理人员必须在园林绿化工作中采用科学的养护技术，并定期对其进行修剪。当成年树达到一定高度时，应进行修剪，以充分刺激隐藏在树表面的芽的萌发，并逐渐长成幼枝。及时清除杂草，合理控制病虫害，确保园林植物健康生长。通过空间规划改善城市各地段的生态环境，为城市生态做出良好贡献。园林绿化养护管理主要包括研究植物生长状况，减少病虫害，提高植物生长速度，提高城市植被覆盖率等。

城市园林绿化是优化城市生态环境、保护水质和土壤资源、净化城市空气质量的关键。因此，要保持良好的城市形象，必须合理优化绿色生态系统和城市绿地，充分利用景观技术，保证城市景观建设质量的提高，为提升城市形象夯实基础。

第三节　园林绿化生态管理

早在 20 世纪 90 年代初期，世界卫生组织就曾指出："世界正面临着自然环境的严重恶化和生活在城市环境中的人们生活质量加速下降这两大问题。"就我国而言，随着经济的快速发展，城市化进程也走向了高速发展阶段。而也正是城市规模的骤然扩大、产业聚集化和人口集中化等问题的出现，使得我国城市出现了诸如空气质量下降、水量减少、水质下降和频繁发生热岛效应等环境恶化问题。也正因为如此，大力进行园林绿化成为我国改善城市生态环境的一个主要途径。

一、园林绿化在城市生态环境建设中的重要性

园林绿化隶属于城市绿化的一部分。所谓的城市绿化，泛指的就是在"城市公园、景点以及市区街道、学校、医院、工厂以及住宅区域等公共场所，依据相关的园林规划设计，使用花草树木进行的一切绿色覆盖工作。"从政治角度出发，城市绿化是现代城市精神文明和物质文明的一个重要体现。而从生态环境方面出发，包括园林绿化在内的一切绿化工程，则能够起到"保护环境、改善环境和美化环境"等作用。

（一）保护环境

1. 防止水土流失

园林绿化不仅可以防止水土流失，而且也对监测环境污染起到一定的作用。拿树木来说，在经过数年的生长之后，其根须将会深卧于泥土之中，从而固定部分土壤。同时，这些树木的树冠和叶脉，在降雨过程中能够阻挡一部分的雨水，从而减少了径流土地的水量所带来的泥土流失现象。

2. 监测环境污染

研究表明，由于部分有毒物质会影响植被的正常代谢功能，故而，许多的植被在遇到有害物质时，都能够通过叶脉或是其他途径及时地发出"信号"。例如在遇到少量氯气或氯化氢有毒气体时，苹果树、桃树等植物会在叶脉上出现不太明显的斑点，而严重时，树木叶脉就会出现凋零的现象。

（二）改善环境

早在多年以前，科学家就发现树木花草在净化空气，调节空气温度、湿度，以及降低噪音方面有着重要的作用。拿净化空气方面来说，多数植物在经过光合作用之后，会吸纳二氧化碳等有害气体，排放氧气。此外，植被还具有分泌杀菌素的功能。例如：松柏、杨树、杉树、柳树和槐树等树木能够杀灭空气中的伤寒、肺结核、痢疾等多种流行病毒。与此同时，植物的树冠和叶面上的毛被分泌出的黏性油脂会起到阻滞城市中的烟尘等尘埃的作用，从而对净化空气起到积极的作用。

（三）美化环境

在园林绿化中，根据各种植被截然不同的形态、大小、色彩和质地等特性，借助"主景""配景""分景""框景"和"实景"等多种造景形式，能够将单调、缺乏生气的城市装点出春季欣欣向荣、夏季郁郁葱葱、秋季叶色瞬变、冬季雪压等各种姿态万千的勃勃景致。

二、园林绿化存在的问题

就目前的趋势来看，规模性进行园林绿化已经成为我国所有城市改善生态环境的一个主要途径。然而由于专业人才的匮乏、已经在园林绿化初期所形成的部分错误行为尚未根除，致使在园林绿化过程中，仍存在有许多问题有待改善。而在这些问题之中，设计水平和植物配置这两方面的问题尤为显著。

（一）设计水平有待提高

园林绿化的一个重要作用便是美化环境。于是，在前期的设计工作中，如若想将园林绿化做到与艺术完美的契合，就不得不考虑当地的人文地貌、经济政治、建筑风格和城市发展等多个方面。故而，说园林绿化是一门极为深奥的艺术是毫不夸张的。然而，就我国多数城市的园林绿化格局来看，诸如将南方城市园林绿化设计搬到北方，多个城市一种设计形式等千篇一律、照搬设计的行为比比皆是。而这带给我们的感想就是：作为一个优秀的园林绿化设计师，不仅要深谙各种造景形式，而且还要了解适合被设计地区气候的各种植被。

（二）植物配置方面的问题

从植物配置方面来看，选苗欠科学性和品种单调是园林绿化存在的两个普遍现象。

1. 选苗欠科学性

众所周知，植物的品种是多种多样的，而它们的生长习性也是变化多端的。譬如：有些植物不受季节控制、四季常绿，有些植物会落叶；有些植物需要充足的阳光、肥沃的土壤，有些植物则怕光、无土质要求。而由于园艺师对植物习性不够了解，盲目地将各种植物随意拼凑在一起，从而使得部分园林绿化出现了生长情况不容乐观、甚至死亡的现象。另外，虽然多数植物对生态环境能够起到良性作用，但是对部分植物缺陷方面的欠缺性考虑，也对改善生态环境起到了负面作用。例如：从 20 世纪七八十年代开始，我国北方城市种植了许多毛白杨树，而每年春季的毛絮横飞，就为我国北方的许多居民带来了呼吸道感染、皮肤过敏等后果。再如，为了让城市绿化立刻达到美观的效果，"大树移植"的现象越来越普遍。一般而言，这些大树来自于农村山区或是森林之中，而仅是一株直径为 20 ~ 30cm 的树木，其至少生长了数十年。在挖掘之时，它们的根系就受到了极大的破坏，同时为了大规模的运输，它们的枝干也进行了大修剪。故而，在进入到新环境中，这些移植树木的存活比率是极低的。而这不仅未给城市生态环境添砖加瓦，而且从一定程度上破坏了其生长地和城市的生态环境。

2. 品种单调

从宏观角度出发，我国许多城市的园林绿化设计是非常单一，且缺乏个性的。例如：坐落于我国大江南北的不同城市中，几乎每个城市都不缺乏香樟、桂花和广玉兰等乔木植物，以及小叶女贞、金叶女贞等灌木植物。同时，由于这些四季常绿植物的大肆使用，让城市也缺少了那份"秋日硕果累累、冬日落叶簌簌、春天万物复苏、夏天绿树成荫"的景致。

三、园林绿化注意事项

（一）适用原则

所谓的适用性原则，笔者认为，该从两个不同方向去把握。一方面，用于园林绿化的植物要适应当地的光、土壤、空气温度和湿度等气候因素。另一方面，园林绿化要根据服务对象的改变而有所区别。例如：在对医院进行绿化时，四季常绿的植物要更适合于开花类植物（花粉不适合部分病人康复）。又如：在对中式住宅小区进行园林造景时，使用梅、兰、竹、菊等本土植物要比进口植物更为适合。

（二）美学原则

在园林绿化艺术性方面，我国有着深厚的历史积淀。在古人眼中，园林绿化就好比作画一般，他们讲求"移步异景、源于自然"的造景方式，而这一点是非常值得当代借鉴的。故而，园林绿化在发挥各种植物的色彩、线条和形态等各种自然属性之时，不仅要结合绿化对象的文化、建筑风格和建设需求，而且还务必要遵循比例、协调、对称等形式美法则。

四、对我国园林绿化的几点建议

通过以上分析，不难看出：园林绿化强调艺术和科学完美的契合。同时，我国在园林绿化所存在的问题，不仅使城市生态环境未得到显著改善，而且还或多或少地起到了破坏性作用。基于此，笔者认为：因地制宜、物种多样化的可持续园林绿化发展道路，是非常适合我国生态环境建设的。

（一）因地制宜

从北京颐和园到承德避暑山庄，再到苏州园林、岭南园林……细数坐落于我国大江南北的各个园林，它们都通过无声的语言向我们诠释了一个人与自然和谐共融的场景。而放眼于当代的园林绿化，我们不难发现，那些全盘借鉴西方园林绿化的手法，多少有些矫揉造作和不合时宜。故而，尊重各地域的地形、地貌，大力使用古代造园手法，推陈出新，才能够真正为城市生态环境带来别有洞天的新场景。

（二）物种多样化

我国幅员辽阔，地大物博。而在城市园林绿化方面，绿化物种是极为单调的。因此，选用适合当地气候的本土植物，不仅能够保护部分自然植被，保护生态环境，而且多样性的生物也为各个城市带来了各不相同的自然风格。譬如：哈尔滨就通过种植本土乔木植被——榆树，被人称作"榆都"。而青岛也通过长达一个世纪之久的刺玫种植，拥有了"刺玫半岛"的美誉。近些年来，许多城市也意识到了物种多样性对城市绿化的重要性，于是也就出现了南宁种植芭蕉树、长沙种植橘子树、北京种植银杏树的现象。

毋庸置疑，园林绿化在修复城市环境、维持城市环境生态平衡和保障居民身体健康方面有着重要而积极的作用。而正是由于其能够直接和间接地影响我国社会和经济发展道路，保护生态环境，所以，今天的园林绿化已然超出了单纯的美化环境这一范畴。故而，在这条全新的道路之上，走因地制宜和发展植物多样化的道路不仅是一条正确的园林绿化发展道路，而且也能够为城市生态环境建设发挥积极且显著的作用。

第五章　生态环境的可持续发展

第一节　可持续发展的基本理论

一、可持续发展的定义和内涵

（一）可持续发展的定义

可持续发展的概念来源于生态学，最初应用于农业和林业，指的是对于资源的一种管理战略。可持续发展一词在国际文件中最早出现在 1980 年由国际自然保护同盟制定发布的《世界自然保护大纲》。在 1987 年联合国发表的《我们共同的未来》中，将可持续发展定义为"既满足当代人的需求，又不对后代人满足其需求的能力构成危害的发展"。

该定义受到国际社会的普遍赞同和广泛接受。可持续发展是一种从环境和自然角度提出的关于人类长期发展的战略模式。它特别指出环境和自然的长期承载力对发展的重要性以及发展对改善生活的重要性。可持续发展既是一种新的发展论、环境论、人地关系论，又可以作为实施全球发展战略的指导思想和主导原则。可持续发展意味着维护、合理使用并提高自然资源基础，意味着在发展规划和政策中纳入对环境的关注和考虑。

（二）可持续发展的内涵

可持续发展在代际公平和代内公平方面是一个综合的概念，它不仅涉及当代的和一国或地区的人口、资源、环境与发展的协调，还涉及同后代的和国家或地区之间的人口、资源、环境与发展之间矛盾的冲突。

可持续发展也是一个涉及经济、社会、文化、技术及自然环境的综合概念。可持续发展主要包括自然资源与生态环境的可持续发展、经济的可持续发展和社会的可持续发展三个方面，详述如下。

（1）可持续发展以自然资源的可持续利用和良好的生态环境为基础。

（2）可持续发展以经济可持续发展为前提。

（3）可持续发展以谋求社会的全面进步为目标。

人类社会发展的最终目标是在供求平衡条件下的可持续发展。可持续发展不仅是经济问题，也不仅是社会问题或生态问题，而是三者互相影响的综合体。目前的发展现状却往往是经济学家强调保持和提高人类生活水平，生态学家呼吁人们重视生态系统的适应性及对其功能的保持，社会学家则将他们的注意力集中于社会和文化的多样性。

可持续发展是一个动态的概念。可持续发展并不是要求某一种经济活动永远运行下去，而是要求其不断地进行内部的和外部的变革，即利用现行经济活动剩余利润中的适当部分再投资于其他生产活动，而不是被盲目地消耗掉。

二、可持续发展的基本思想和原则

（一）可持续发展的基本思想

可持续发展是立足于环境和自然资源角度提出的关于人类长期发展的战略和模式。这并非一般意义上所指的在时间和空间上的连续，而是强调环境承载能力和资源的永续利用对发展进程的重要性和必要性。这里给出了可持续发展所包含的三大基本思想。

（二）可持续发展的基本原则

遵照"人类不可能任意地改造自然环境和无限地利用地球资源；人类的生存发展必然受到地球自然规律的制约"等基本原理，可持续发展的基本原则包括如下几个方面。

（1）公平性原则。公平是指机会选择的平等性。可持续发展强调：人类需求和欲望的满足是发展的主要目标，因而应努力消除人类需求方面存在的诸多不公平性因素。可持续发展所追求的公平性原则包含以下两个方面的含义。

①追求同代人之间的横向公平性，即要求满足全球全体人民的基本需求，并给予全体人民平等性的机会以满足他们实现较好生活的愿望。贫富悬殊、两极分化的世界难以实现真正的"可持续发展"，所以要给世界各国以公平的发展权。

②代际公平，即各代人之间的纵向公平性。要认识到人类赖以生存与发展的自然资源是有限的，本代人不能因为自己的需求和发展而损害人类世世代代需求的自然资源和自然环境，要给后代人利用自然资源以满足其需求的权利。

（2）可持续性原则。可持续性是指生态系统受到某种干扰时能保持其生产力的能力。资源的永续利用和生态系统的持续利用是人类可持续发展的首要条件，这就要求人类的社会经济发展不应损害支持地球生命的自然系统，不能超越资源与环境的承载能力。社会对环境资源的消耗包括两个方面：耗用资源及排放污染物。为保持发展的可持续性，对可再生资源的使用强度应限制在其最大持续收获量之内；对不可再生资源的使用速度不应超过寻求作为替代品的资源的速度；对环境排放的废物量不应超出环境的自净能力。

（3）和谐性原则。即要求每个人在考虑和安排自己的行动时，都能考虑到这一行动对其他人（包括后代人）及生态环境的影响，并能真诚地按和谐性原则行事，那么人类与自然之间就能保持一种互惠共生的关系，也只有这样，可持续发展才能实现。

（4）需求性原则。传统发展模式以传统经济学为支柱，所追求的目标是经济的增长，但它忽视了资源的有限性，立足于市场而发展生产。而可持续发展是要满足所有人的基本需求，向所有的人提供实现美好生活愿望的机会。

（5）阶跃性原则。可持续发展是以满足当代人和未来各代人的需求为目标，而随着时间的推移和社会的不断发展，人类的需求内容和层次将不断增加和提高，所以可持续发展本身隐含着不断地从较低层次向较高层次的阶跃性过程。

可持续发展观既包含了对传统发展模式的反思，又包含了对科学的可持续发展模式的设计。其对人类传统发展理论的反思和创新主要表现在以下几个方面：从以单纯经济增长为目标的发展转向经济、社会、资源和环境的综合发展；从以物为本的发展转向以人为本的发展；从注重眼前利益和局部利益的发展转向注重长远利益和整体利益的发展；从资源推动型的发展转向知识推动型的发展。可持续发展从本质上来说就是强调发展是主要的，但要重视社会经济发展中人与自然和谐相处，加强环境保护；同时要处理好当代、代际的公平性。

第二节　环境保护与可持续发展战略的关系

环境保护是我国的一项基本国策，是人类为维护自身的生存和发展，是研究和解决环境问题中进行的各种活动的总称。可持续发展是既满足当代人的需求又不损害后代人满足其需求能力的发展，它强调不同地区、不同时代的人们享有平等的生存和发展机会。为了可持续发展，环境保护应该作为其发展进程的一个整体部分，两者不能脱离。可持续发展非常重视环境保护，把环境保护作为它积极追求实现的最基本目的之一，环境保护是区分可持续发展与传统发展的分水岭和试金石。本节包括可持续发展的实质、环境保护与可持续发展战略的关系两部分。主要内容包括：可持续发展的主要内容、环境建设是实现可持续发展的重要内容。

一、可持续发展的实质

（一）可持续发展的内涵

可持续发展的内涵十分丰富，但是都离不开社会、经济、环境和资源这四大系统，包括可持续发展的共同发展、协调发展、公平发展、高效发展和多维发展五个层面的内涵。

1. 共同发展

整个世界可以被看作一个系统，是一个整体，而世界中各个国家或地区是组成这个大系统的无数个子系统，任何一个子系统的发展变化都会影响到整个大系统中的其他子系统，甚至会影响整个大系统的发展。因此，可持续发展追求的是大系统的整体发展，以及各个子系统之间的共同发展。

2. 协调发展

协调发展包括两个不同方向的协调，从横向看是经济、社会、环境和资源这四个层面的相互协调，从纵向来看包括整个系统到各个子系统在空间层面上的协调。可持续发展的目的是实现人与自然的和谐相处，强调的是人类对自然有限度的索取，使得自然生态圈能够保持动态平衡。

3. 公平发展

不同地区在发展程度上存在差异，可持续发展理论中的公平发展要求我们既不能以损害子孙后代的发展需求为代价而无限度地消耗自然资源，也不能以损害其他地区的利益来满足自身发展的需求，而且一个国家的发展不能以损害其他国家的发展为代价。

4. 高效发展

人类与自然的和谐相处并不意味着我们一味以保护环境为己任而不发展，可持续发展要求我们在保护环境、节约资源的同时要促进社会的高效发展，是指经济、社会、环境和资源之间的协调有效发展。

5. 多维发展

不同国家和地区的发展水平存在很大差异，同一国家和地区在经济、文化等方面也存在很大的差异，可持续发展强调综合发展，不同地区要根据自己的实际发展状况出发，结合自身国情进行多维发展。

（二）可持续发展的实质

可持续发展观是新生的发展观念，它非常全面也非常具体，那么它的实质是什么呢？针对这个疑问，研究者们把传统发展观和可持续发展观作比较，这样可以帮助人类清晰地理解可持续发展观的实质。

龚胜生指出：可持续发展的本质在发展观念、过程、方式，结果上看是一种创新的发展思想，它具有变革的发展观念、发展道路独具一格、发展模式超越从前、发展结果更是未来可期。

1. 认知层面：一种全新的发展理念

人类之前的发展观念是自私的，人们只关心发展经济带来的好处，没有关心人类自身的发展，人们只看到眼前的利益，被当前的利益所迷惑，人们只在乎当代人利益，没有思考过子孙后代的利益，这是非常狭隘的发展观念。可持续发展观是人类历史上一次伟大的尝试，是人类思维方式的探索。

①可持续发展是一种以人为本的理念。《人类环境宣言》指出："世间一切事物中，人是第一可宝贵的。"人是所有事物的起源，没有人，做任何事都无从谈起，世界上还有很多贫困人群，有的还挣扎在温饱的边缘，有的被疾病缠绕，可持续发展的目标就是要帮助这些人消除贫困，远离疾病，帮助他们拥有健康的身体。

②可持续发展是一种人地和谐的发展理念。众所周知，地球资源分为可再生资源和不可再生资源，可再生资源的生成周期也是非常漫长的，不可再生资源使用完了就没有了，所以人类要节约使用自然资源，人类在发展过程中不可避免要使用自然资源，可持续发展能更好地制约人类使用自然资源的数量。

③可持续发展是一种社会公平的发展理念。当今世界发达国家和发展中国家存在不公平发展的问题，发达国家垄断资源，向发展中国家转移污染，损害了发展中国家的利益。当代人过度发展损害后代人的利益，这是极不公平的，可持续发展就是倡导公平发展的一种观念。

2. 实践层面：一条崭新的发展道路

人类之前运用传统发展方式来发展经济，对发展投入的成本非常大，大量浪费资源，但投入和产出不成正比，走的是"先发展，后治理"的老路。和传统发展方式不同的是，可持续发展走的是精细路线，是具有创新理念的路线。

①可持续发展是一种长远发展之路。《我们共同的未来》指出："可持续发展是一条一直到遥远的未来都能支持全球人类进步的新的发展道路。"它已经为人类未来的道路做好了铺垫，人类不需要再彷徨，只需要按照这条道路坚定不移地走下去就可以。

②可持续发展是一条协同发展之路。可持续发展要求达到人与地球、区域、国家共同和谐发展的程度，它以人与自然、人与人之间和谐发展为最高宗旨。

③可持续发展是一条科学发展之路。科学技术对于可持续发展具有强有力的支撑作用，在发展的过程中，科学技术是绝对关键的核心因素，高水平的科学技术可以有效解决人类在发展过程中产生的这样或那样的问题，为人类提供必要的科学帮助，所以，人类发展离不开科学技术，也离不开科学技术创造的价值。

3. 发展方式：一个创新的发展模式

从古至今，社会发展越进步，文明的程度也就越高，到了当今社会，文明程度已经很高了，能否把文明程度发展推向另一个高点呢？人类想出的办法是坚持可持续发展，它把人类从工业文明带到了生态文明。

①可持续发展是一种综合发展模式。可持续发展强调整体化发展，它是一种系统性的思想，它始终以环境、自然为基本出发点，它是人类面对未来社会更好生存的伟大构想。

②可持续发展是一种系统发展模式。它推动国家节约资源，改变粗放的生产模式，严格要求企业实行节能减排，号召国民理性消费，使国内经济向着良好的循环模式发展，实现人民幸福、社会安定的宏愿。

③可持续发展是面向未来和全球的发展模式。它是由联合国成员国共同发起的倡议，从理论层面来说，它面向的是全球多数国家；从信用层面来说，这是一份约定，每个成员国都要为自己的行为负责，应矢志不渝地配合联合国把可持续发展落到实处；对于未来，世界上只有一个地球，人类一定要保护地球、爱护地球，所以它指引着人类未来的发展方向。

（三）可持续发展的主要内容

1. 基于经济层面的可持续发展

经济可持续是可持续发展的核心内容。有学者认为可持续发展是指在不断提高经济效益的同时，能够保证自然资源的合理开发利用以及对自然环境的保护；也有学者认为可持续发展是指"既能保证今天经济的持续发展，又不能消费未来的资源环境"。可持续发展与传统粗放式发展存在一定差异，强调发展是以不牺牲生态环境为前提。

2. 基于社会层面的可持续发展

社会可持续发展是可持续发展的最终目标。可持续发展是指"在不断提高人们的生活质量的同时，不能挑战自然环境的承受力"，强调可持续发展的目标是实现人类社会的协调发展，提高生活品质，创造美好生活。只有保持发展与自然承载力之间的平衡，才能促进社会不断向前发展。

3. 基于资源环境层面的可持续发展

资源环境可持续发展是可持续发展的基础和前提。可持续发展是"在维护现有自然资源、不超过环境承载能力的基础上，不断增强大自然为人们服务的能力和自我创造能力"，在资源领域强调一定要保持好资源开发强度和资源存量之间的平衡关系，在环境领域强调经济效益的不断提高不能以增加环境成本为代价。有学者认为资源环境可持续发展就是保证对生态环境的保护以及自然资源的可循环利用，最终使经济、社会、自然环境得以实现共同可持续发展。

4. 基于技术创新层面的可持续发展

技术可持续发展是可持续发展的手段。技术可持续发展是指"通过技术工艺和技术方法的不断改进，在增加经济效益的同时，可以实现环境和资源的可持续"。在技术层面，可持续发展是指通过技术体系的创新，不仅要提高生产效率，而且还需减少污染物排放对资源的消耗和环境的破坏。

二、环境保护与可持续发展战略的关系

（一）环境建设是实现可持续发展的重要内容

当今社会的高速发展越来越离不开环境与资源的支持，过去人类并未意识到环境的重要性，一味谋求发展尝尽苦楚，所幸现在人类已经有所意识。良好的环境建设不但是实现可持续发展的重要内容，更可以为发展提供更好的经济效益。例如，沈阳建筑大学的稻田校园，利用农作物与当地生态环境，用最经济的方式营造校园环境，打破了原有的校园建筑特点，让农业景观成为校园景观，在原有的环境基础上，花费最少的投资成本，打造最合适的艺术景观。

（二）可持续发展是实现环境保护的重要措施

可持续发展要求改变传统发展模式，就要尽可能做到多利用，少排放；少投入，多生产。改变传统的生产、消费方式，发展科学技术，节约能源损耗。每个人都拥有享受美好环境的权利，相对而言，保护环境也应该是每个人的义务。可持续发展还要求每个人都有环境保护意识，改变对公共环境的态度。建立人与自然和谐共处的概念，自觉遵守文明行为，将自然环境看作是每个人自己的事情，从自身出发保护环境。

（三）环境保护与可持续发展相互影响相互制约

坚持执行可持续发展，正确处理环境问题，促进人与自然和谐共处，才能更好地保护环境，解决环境污染问题。而要实现环境保护，可持续发展又是其不可缺少的重要措施。两者相互影响，为社会建设良好的生态环境，实现国家经济与自然的协调发展。

第三节　环境保护的可持续发展对策

一、可持续发展宏观对策

（一）发展循环经济

传统经济发展采用的是"资源—产品—污染排放"模式，这是一种线性经济模式。在此模式的基础上，通过对相关循环经济理念的应用，将其转变为"资源—产品—再生资源"的闭环模式，在其反馈作用下，实现对物质使用的闭路循环，提高了物质和能量在经济活动中的使用效率，也有效地降低了污染物向环境的排放量，甚至实现污

染的零排放。在这个过程中，对其产品进行合理的利用以获得相关经济效益，使得相关经济活动的进行符合物质循环原理，从而构成"资源—产品—再生资源"的模式，使得相关生产物质通过循环实现效益的最大化，在相关经济过程中，降低废弃物的出现。如今人们对可持续发展战略的认可程度不断提高，相关发达国家已经开始循环经济的设计工作，进而实现循环型社会的最终目标。

发展循环经济要符合生态学的相关规律，才能做到对自然资源和环境容量的最大化利用。通过清洁生产的方式，提高废弃物利用率，在一定程度上减少了污染物的产生，并将其向资源化和无害化转变，使得经济发展融入相应的生态物质循环领域，有效降低了在经济增长过程中废弃物的排放情况。在相关循环经济的实践中，制定循环经济活动的准则，具有较强的生态经济特征。为开展经济活动模仿生态系统提供了一定的基础，根据相关物质循环的原理，以及自然界中能量流动的途径，进行相关经济系统的设计，将其纳入相应的物质循环之中，从而形成特殊的经济体系。这种经济具备低投入、低排放、高效益的优点，对缓解环境与发展之间的矛盾有重要的研究价值。

发展循环经济，就是要实现对资源的有效利用，降低产业对资源的需求，减轻产业对资源的依赖压力。在这个决策推行的过程中，通过提高对资源的开发程度，减少相关高消耗活动的开展，对废旧产品进行再次资源化，使其具备一定的再利用价值，使得相关生产中的废弃物变为其他生产环节的再生资源。总的来说，循环经济的核心内容就是对资源进行高效的、循环的应用，而要实现从传统观念向循环经济观念的转变，其重点是实现资源利用模式的转型，即从"资源—产品—废弃物"的线性资源利用模式，转型到"资源—产品—废弃物—再生资源"的资源循环利用模式。在实际的工业生产与消费服务等方面，积极落实和推行"减量化、再循环、再利用"等基本原则，从而最大程度对资源进行合理利用，同时保证最低程度的废弃物排放，最终实现资源的节约以及生态保护的目标。实践循环经济，就需要人类社会在经济与环境方面的进步始终保持在可持续发展的同一节奏上，使得经济增长从粗放模式向集约模式转型，彻底改变原来"高消耗、高投入、高污染和低效率"的状况。

实质上，实践循环经济是以环境的保护作为根本的出发点，以生态、经济以及社会全方位的可持续的发展为目标，应用相关生态学方面的各种规律来对人类在生态、经济以及社会等多方向的活动进行合理的指导。循环经济这种发展道路是顺应人类发展的必然趋势，是经过几百年来经济与社会飞速发展之后，人类应当放缓脚步进行反思自身行为的最新途径。在产业发展方面，产业体系内部为了提升资源综合利用效率，减少废弃物的产生，并对其相关废弃物进行回收利用，最终形成一定的产业链结构，使得产业活动具有一定的循环经济特征。

循环经济产业链遵循"3R"原则的相关标准，制定出新型企业的合作方式，能够实现新的价值，并且能够使产业链有一定的延伸，将在相关生产过程中产生的副产品或者生活垃圾作为某类生产的原料供应，既能提高资源外显价值的利用程度，同时在一定程度开发了其材料的潜在利用价值。这一举措与新发展思路完全吻合，可以实现经济与环境的协调一致，实现可持续发展。

（二）合理开发自然资源

习近平同志提出的"绿水青山就是金山银山"是新时代生态文明建设的重要原则。"绿水青山就是金山银山"的理念是从深层次上解决生态和经济发展的关系的主张。落实这一理念要求我们从思想上重视环境保护，实现自然资源开发与经济社会发展的均衡。在这一过程中，要改变传统的先污染再治理的发展思路，传统的先污染后治理的发展模式给自然带来严重的危害，影响了人与自然的和谐发展。

因此，落实"绿水青山就是金山银山"理念，就必须认识到人类与生态环境的整体性，要合理开发与利用自然资源，避免对自然资源进行过度的掠夺与开发，从而对人类的可持续发展带来严重的环境问题。

"顺应自然"的自然资源开发理念，要求我们根据科学规律，对自然资源进行合理开发。长期以来，自然资源的开发行为受人类利益所驱使。人类根据自身的需求，不计后果、无节制地对自然资源进行开发，没有尊重自然资源的开发规律。这些行为给自然资源的合理开发利用带来严重的后果。因此，根据顺应自然的理念，需要我们在尊重自然资源开发规律的基础上，对自然资源进行科学、有计划地开发与利用。

在正式对自然资源开发之前，应该对自然资源的情况进行调研与了解，对自然资源的整体情况与特点进行充分了解，为自然资源的开发提供事实基础。在此基础上，应该结合各类自然资源的特点，采用先进技术，有计划、合理地对自然资源进行开采和利用，提高自然资源开发效率。

同时，政府部门对于那些不合理甚至非法的自然资源的开发行为要进行严厉的惩罚和打击。一些组织与企业为了经济利益，无视自然资源的开发规律，进行掠夺式的自然资源开采。这些不尊重自然资源开发规律的行为严重影响了自然资源的可持续开发利用能力，带来了严重的环境问题。针对这些行为，政府相关部门应该进行严厉的打击与惩处，合力遏制乱开采自然资源的情况出现。应该对自然资源开采公司进行严格的要求，不定期对它们的自然资源开发行为进行监督与规范，要求它们遵守国家的相关法律法规，根据自然资源的规律，科学开展自然资源开发活动，从而保证自然资源的合理开发利用。

（三）完善环保法律、法规

为保障各环保政策顺利和有效实施，政府应该有相适应的法律、法规。我国的环保立法，必须明确规定各方的权利和义务，加大对污染者的处罚力度，保障公民的环境权。①必须能够对违法者形成约束，也就是增大违法成本。②健全我国的环境公益诉讼环境，降低环境公益诉讼门槛，提高环境保护的公民参与度。③对环保部门失职、腐败等行为要严格追责。④增大我国环保部门的行政权力，保证其统一监管和执法权。

（四）倡导低碳发展

中国的低碳发展既要考虑本国的国情又要符合世界发展的大趋势，制定出清晰明确的阶段目标和可行的对策措施。中国为了实现低碳发展、低碳生活采取了诸多积极的应对行动。要想保障低碳生活的顺利进行，需要从指导思想、低碳技术、政治支持、制度建设、理念建设等方面加以推进。

1. 政府主导

（1）学习国际先进经验

开展国际交流与合作，积极吸纳国外先进的技术，促进我国生产和消费的转变。低碳发展在西方一些发达国家因为起步早，低碳技术在研发和使用上更为成熟，我国要积极引进学习国外先进的低碳发展技术。

（2）转变经济发展方式

改变传统的以化石能源为主的"高能耗、高污染、低效益"为特征的增长方式，推行"低能耗、低排放、高效益"的经济增长方式。推行低碳发展方式，不仅能创造巨大的经济价值，而且能创造巨大的环保价值。

（3）利用发展契机

利用国际金融危机的契机，充分利用我国减碳低成本的优势，不断提高我国低碳技术与产品的竞争力，减少传统技术发展的高碳产业所带来的潜在的"碳锁定"，逐步实现低碳发展。

（4）积极参与节能减排

用一个负责任大国的姿态，积极地参与到发展经济与保护环境的这场博弈中来，争取属于我国的发展权益。我国已经承诺通过符合国情与实际能力的自愿减排行动，也坚持"共同但有区别的责任"原则，要求发达国家大幅度减少碳排量。

2. 加强制度建设

构建我国低碳经济发展的国家战略框架以及相关的社会行动体系和规划体系，制定我国经济发展的中长期规划。加强市场这只"无形的手"对低碳经济的指导作用，对高能耗行业给予资金截流，发挥金融杠杆对碳金融市场的推动作用。对于节能减排的企业要给予绿色信贷，在税收上给予更多的优惠，以多种形式支持该类环保企业的发展。

（1）发挥税收的调节作用

开展低碳城市实践探索，探寻低碳生活方式的具体途径。2008 年，我国将上海和保定作为低碳城市发展的开路者，总结其发展模式，并向全国推广，现在国内很多城市都已开展了低碳城市发展实践探索。

（2）构建法律保障体系

我国的低碳发展，还面临很多的挑战，因而要注意保护核心利益、完善能源方面的法律规范、完善气候变化立法体系、建立健全相关的低碳法律制度等方面。

3. 以马克思自然观、科学发展观为指导思想建设低碳社会

关于"低碳社会"这个词至今没有一个明确的定义，普遍认为是指通过发展低碳经济，创建低碳生活，培养可持续发展、绿色环保的低碳文化理念，形成低碳消费意识，实现这样的社会发展模式，使经济社会发展与保护生态环境达到双赢。

从本质上看，低碳社会的最终目的就是实现人与自然的和谐发展，这是建设关于马克思主义自然观的创造性运用，是我国现今所倡导的科学发展观模式的重要尝试。低碳社会的根本问题就是解决人与自然和谐发展的问题。近代认识论中的自然观认识较为片面，它将人与自然对立起来，认为人是自然的主宰，人对自然有着绝对的支配权。因而人类总是无限制地向自然界索取，掠夺自然界的资源，征服自然。在这样错误思想的指导下，人类将工业化的发展当作人类进步的标准，将经济的发展作为追求的终极目的。在这样的自然观和社会发展观的指导下，本该和谐共长的政治、经济、文化被单一的经济利益所蒙蔽，导致人与自然环境的关系迅速恶化，资源迅速枯竭。低碳社会正是从人与自然愈演愈烈的冲突出发，寻求的是社会与自然之间可持续发展的一种社会模式。低碳社会的建设是一个复杂的需要全民参与的工程，涉及方方面面，如不仅需要宏观的社会文化价值导向，而且也需要微观的制度设计等对策的支持；不仅涉及经济活动和发展方式，而且也涉及人们生活方式的转变。马克思主义的自然观是以人的全面发展作为低碳社会的价值内核，低碳社会作为一种新型的社会发展模式，也正是要求实现人的全面发展，统筹政治、经济、文化的和谐发展。马克思主义自然观强调生产实践对于人类生存和发展的重要意义，强调以经济发展方式的转变来推进低碳社会的建设。

4. 以低碳技术创新作为推动低碳社会的根本动力

低碳技术创新能指引科技创新按有利于资源、环境保护的方向发展，能使科技创新系统进入一个物质—能量—信息循环过程。马克思认为人类的实践活动是人与自然统一的中介，如何减少对生态环境的破坏则是实践活动需要研究的关键问题，实现人与自然的和谐发展。

为此，马克思强调要"在最无愧于和最适合于他们的人类本性的条件下来进行这种物质变换"，而要达到这样两个"最"必须依靠科学技术的力量。为此，我们要把低碳技术创新作为建设低碳社会、推进人们选择低碳生活方式的根本动力。

提升科技创新水平，积极进行技术创新，鼓励低碳技术的研发、推广与应用。要想提高国家的核心竞争力，就要掌握先进的低碳技术，要想掌握核心的低碳技术，关键还是进行技术突破。要进行科技创新和先进低碳技术的推广，摒弃过度依赖性，同时要保护知识产权，创造出符合自身发展的低碳技术，通过推广和应用新型低碳技术方式在不同行业中的应用，从而实现整个社会的低碳化发展。

5. 大力倡导低碳生活理念、低碳生活方式

建立以科学发展观为指导，强调发展要以人为本，一切的发展都要代表人民的根本利益。可以通过多种舆论手段，如电视、网络、报纸等，大力宣传发展低碳经济、

选择低碳生活方式，普及倡导低碳生活知识，鼓励和帮助人们将低碳生活方式纳入日常生活中的点点滴滴。

我国实现低碳生活方式，要抓住机遇，制定相关法律体系，给予系列政策规范，在技术和政策方面给予全力的支持。企业要积极响应国家的号召，进行技术创新，生产节能环保的产品。社会公民要积极践行低碳生活方式，注重从生活小事做起。

（五）改进环境保护财税政策

1.完善财政补贴政策

现行的财政补贴政策需要进一步完善，明确和规范财政补贴范围，科学地规划设计财政补贴环节。

在生产环节，对开发和改造先进节能环保技术等给予补贴，加大对节能环保企业的财政补贴力度，从而引导企业研发和改进技术，降低能耗，保护环境。

在消费环节，应该针对高效节能环保产品给予价格补贴，引导并鼓励消费者购买这些产品，从而促进节能环保消费。对于超高能效产品，要进一步提高其补贴标准。需要对现行的财政补贴政策进行整合，并统一进行设计和调整，避免政策之间出现冲突。

同时，要加大政策执行的监管力度，强化补贴政策的执行效果，避免出现造假骗取财政补贴的现象，提高补贴政策的可操作性，实现健全的补贴政策效果。

2.增加政府的节能环保投入

近年来，环境污染日趋严重，严峻的环境问题迫切要求我国加大财政在环保方面的资金投入。可以通过设立环保概念基金或者发行环境彩票等方式来筹集资金，全面支持环保工作；还可以设立环保公益基金和环保投资基金等类型的环保基金，由国家直接控股，再由社会资本和民间资本等多方参股。基金的设立既能改善环境又能对有良好发展前景的环保项目进行专项投资，然后又可以将投资所得再投入到保护和治理环境当中，构建良性循环模式，从而增加环保资金，促进环保工作的顺利开展。

在对环境的投入上，地方政府是主力军，但是投入还不够，效果还欠佳，故要进一步强化地方政府的环保意识，加强地方政府对环境污染物的治理，鼓励地方政府在追求经济增长的同时更要注重环境保护，不能再片面地追求经济增长速度，要转变观念追求经济增长的质量，同时鼓励社会资本投入到环保领域，用社会资本来改善环境的质量。

3.建立有效的监督考评机制

首先，要建立健全监督和考评机制，这是完善我国现行横向转移支付的必要举措。健全的监督和考评机制可以动态监督横向转移支付资金的运行情况，包括资金的确定、划拨和项目的运行等，同时还可以监督转移支付双方是否行使了相应的职能，帮助双方协商解决分歧和矛盾等。

其次，要制定完善的绩效考评体系标准，不仅要对支付方的转移支付规模或项目进行考评，还要对接受方的资金使用情况进行考评，从而实现更加便捷地监督。此外，还要定期对转移支付的运行情况进行科学评估。

由此可见，这种监督评估机制不仅可以规范横向转移支付双方的行为和义务，而且还可以维护双方的权利，为转移支付的顺利进行提供重要保证。横向转移支付的顺利进行有利于缩小地方政府间的财力差距。较富裕的省份对其周边欠富裕的省份提供转移支付，从而让欠富裕的省份有能力去治理污染，使其环境质量大大改善，这对于较富裕的省份来说也有一定的好处。

4.完善我国现行环保税制

（1）优化完善环境保护税

目前，环境保护税只对大气污染物、水污染物、固体废物和噪声这四类污染物征税，且环境保护税的实际征税范围与《环境保护税法》中所规定的征收范围不一致。所以，应该将上述四类污染物之外的一些征收对象也纳入环境保护税的征收范围。比如，可以对碳排放征收环境保护税，从而充分发挥税收引导低碳经济发展的作用。另外，还可以将一些挥发性的有机物纳入环境保护税的征收范围，从而发挥环境保护税作为一种"绿色税制"的功能。

现行的环境保护税，其税率仍然偏低，远低于污染治理的边际成本。随着环境形势的日益严峻，应该适当地提高环境保护税税率，对不同的污染物制定不同的税率标准，从而促进重污染企业升级转型、提高产能，来充分发挥环境保护税的调节作用。

（2）加强税收征管的执法力度

对于税务部门而言。一要加强其税收征管人员的素质，定期对税收征管人员的执法能力进行考核。除此之外，由于现在税收征管需要依靠计算机网络，因此要加强税务人员学习、掌握计算机技术，来熟练进行税收实务操作。二是加强对税收执法整个过程的监督，这样就避免了税收征管人员在执法时出现的随意性、人情化、不作为、不担当的现象，从而使税收执法更加规范化、透明化。三是对于执法人员执法不严的情况，要加大严惩的力度，杜绝此类现象的发生。而对于纳税人员而言，通过加大税收宣传工作来增强其法律意识，从而提高其对税法知识的掌握程度，这对于其及时、准确申报纳税额、缴纳税款等有积极的促进作用。另外，对纳税人员屡催不缴、欠税严重的行为要加大惩罚力度，必要时可以采取媒体曝光的方式。最后，要营造一个良好的税收环境，在这样的环境下，纳税人员会更倾向于自觉纳税。

通过强化税收征管的执法力度，从而树立起税务部门的权威，增加其威慑力，确保税务部门能够充分发挥其职能，对排污企业和个人进行严格征税，进而使其自觉进行节能减排，以达到保护环境的目的。

（3）加快资源税改革步伐

自然资源开采后对环境的污染程度要与其资源税税率水平相结合来对开采的企业进行有差别的征税，即对环境污染严重的自然资源适用高税率，课以重税；相反则适用低税率。如提高煤炭、金矿以及稀有矿产的资源税税率。此外，应该将资源税与政府一般性税收分开管理和使用，其目的是保证资源税收入能投入到节能环保领域，切实达到资源税的征收目的。

（4）改革城市维护建设税

提高城市维护建设税的税种地位，将其从原先的附加税提升为独立税，使其成为主体税种之一，增加该税种的重要程度，并且调高其税率，加大该税种的征收力度，从而充分发挥其保护环境的作用。

另外，要改变城市维护建设税的计税依据。我国目前实现了全面"营改增"，以增值税、消费税税额为计税依据，建议以营业收入、租赁收入和转让无形资产收入等为计税依据，这样可以稳定税收收入来源。

（5）改革耕地占用税

首先，将耕地占用税的税率与各地区的经济发展水平相对应，经济发展水平高的地区适用高税率，而经济发展水平低的地区适用低税率。其次，将占用湿地的行为纳入耕地占用税的征收范围，并且使用高税率。由于耕地占用税具有资源税的性质，故可以将其纳入资源税的征税范围。还有学者建议对其进行单独立法，从而提高其税种地位。

5.加大税收优惠政策力度

我国税收优惠形式过于单一，主要是减免税、税率优惠等直接优惠，而缺乏多元化的优惠机制，国外发达国家在此方面有很多宝贵的成功经验值得我们借鉴。具体有以下三个方面：①对企业征收增值税时，可进项抵扣企业购置的具有节能减排作用的设备；②对购买环保设备的企业实施加速折旧的优惠政策，对特定的设备允许当年100%的税前扣除，并且进一步降低这类企业的用电、土地价格；③在征收企业所得税时，对于提供环境基础设施的企业给予其税前还贷还债的优惠政策，以此来促进更多环境基础设施的投资。

（六）完善自然资源保护机制

1.我国自然资源保护机制的立法完善

第一，要根据各个地方的情况制定具有地方特色的自然资源保护法规。我国幅员辽阔，国土面积很大，各个地方的环境和生态系统各有特点，而自然资源保护法是针对我国的普遍情况来给予的原则性的规定，具体到各个地方，自然资源保护的情况是不一样的，这时就要地方政府根据本地区自然资源的特点，来制定具有针对性的资源保护法。由于没有具体的法律规定，只有原则性指导，在具体的执法过程中，容易出现执法标准不相同以及执法找不到法律依据的尴尬局面。所以制定各个地方的自然资源保护法是必要的。

第二，我国的自然资源现有的分类包括土地资源、水资源、森林资源、草原资源、野生动植物资源和矿产资源。除此之外，还有湿地。湿地是地球三大生态系统之一，湿地在涵养水源、化解污染、补充地下水、调节气候、维持生物多样性方面都具有重要作用。因此，要尽快完善我国的自然资源保护法，使其能够更全面地保护自然资源。2022年6月1日，我国首部湿地保护方面的专门法律——《中华人民共和国湿地保护法》正式实施。

第三，完善自然资源保护的监督管理方面的规定。政府要将自然资源监管的责任落实到部门，由部门统一负责。另外，还要扶持非政府自然资源保护组织的存在和发展。自然资源保护非政府组织在资源的保护宣传和监督方面比政府组织更有优势，非政府组织有很强的灵活性，并且也更容易接近民间，更容易发现问题。要把支持自然资源保护非政府组织发展列入法律中，给予他们各个方面的优惠，使他们在自然资源保护中充分发挥作用。

2. 我国自然资源保护机制的执法完善

第一，在自然资源保护过程中对资源进行管理的机构，要明确划分职权，明确执法责任和程序、执法的范畴等，以免在执法过程中出现重复执法、交叉执法等现象，降低执法的效率。

第二，改进以前的执法方法，对破坏自然资源的行为进行惩罚后还要督察，防止惩罚过后，破坏自然资源的行为方式依然没有改变的现象出现。

第三，把自然资源保护作为政府领导政绩评价体系的一个方面。政府要加强认识，把自然资源保护放在重要位置，要摒弃以前的以破坏自然环境为代价追求经济增长的错误认识，把自然资源保护放在一切工作的前面。

第四，政府建立自然资源保护区，在自然资源保护区内建立生态系统监测体系；制定自然资源保护区的管理办法，禁止在自然资源保护区内进行任何开发建设活动，对自然资源保护区内的生态环境定期监测和评估，严禁任何破坏自然资源和污染性的企业或者组织进入保护区。

第五，政府要加大对自然资源保护的资金投入。各地政府要树立重视自然资源的保护的政绩观，把它列为政府政绩评估的一个重要标准。

3. 我国自然资源保护机制的司法完善

从司法方面健全和完善诉讼制度，完善对破坏自然资源行为的惩罚机制，从而对违法者和犯罪者形成警戒作用，使其不敢轻易地破坏自然资源，从而起到保护自然资源的效果。具体可以从以下三个方面来加以完善。

第一，建立健全自然资源事故责任的追究制度，加大对破坏自然资源者的惩罚力度，对严重破坏自然资源的行为予以刑法上的制裁。

第二，健全环境公益诉讼制度。环境公益诉讼是指由于公民、社会团体、法人等的违法行为或者他们的不作为，导致环境遭到破坏或者即将遭到破坏，其他社会团体、公民、法人为了公共利益不受到影响而向法院提起的诉讼。公益诉讼的费由社会来承担。公益诉讼可以在一定程度上对公民、社会团体、法人破坏自然资源的行为予以监督，起到社会监督的作用。

第三，设立自然资源保护法庭，由自然资源方面的专家来审判案件。目前我国尚没有自然资源保护法庭。设立自然资源保护法庭，有助于对于破坏自然资源的案件进行审理，提高自然资源案件审理的效率，也在无形中形成了对犯罪分子的威慑力，使犯罪分子不敢破坏自然资源。由自然资源方面的专家来审判案件，有助于对自然资源案件进行归纳总结，从而根据实践中的情况，制定出符合我国国情和自然资源情况的法律，有利于对自然资源保护法的完善，根据出现的新情况来制定法律，从而使法律适应社会经济的发展。

（七）完善环境污染防治机制

1. 我国环境污染防治机制的立法完善

（1）环境保护的原则

《环境保护法》第六条，一切单位和个人都有保护环境的义务，并有权对污染和破坏环境的单位和个人进行检举和控告。没有给予环保民间组织和公民的公益诉权，不利于对于污染和破坏环境行为的打击。只是给予公民的检举控告权。根据宪法精神，控告权指公民对国家机关和国家工作人员的违法失职行为，有向有关机关进行揭发和指控的权利。检举权指公民对于违法失职的国家机关和国家工作人员，有向有关机关揭发事实，请求依法处理的权利。检举和控告的主要区别在于控告人往往是受害者，而检举人一般与事件无直接联系。而环境保护法中的检举、控告的对象是污染和破坏环境单位和个人，由此可见环境保护中的检举、控告和宪法意义上的检举控告含义差别较大。

在实践中，对污染和破坏环境单位和个人一般向环境保护行政部门进行检举和控告。现实中的环境保护行政部门往往职权有限，自己处理起环保事宜尚且力不从心，又如何去应对来自群众的检举和控告。

因此，对环境侵权的认定和防治必须要有实权部门的介入。这里的实权部门指的是公检法系统，其赋予个人和环保公益组织对于严重的环境侵权行为以起诉权，这样对于环境污染的打击必将十分得力。当然由于犯罪行为的公诉权专属检察院，而大部分犯罪案件的侦察权专属公安机关。因此，个人和环保公益组织对于疑似环境侵权犯罪行为有向公安机关检举和举报的权力。通过这样两个权力的赋予，民间的环保力量也就获得了打击环境破坏的强大力量，这对于环境保护有着十分重要的意义。

（2）环境的监督管理

《环境保护法》第十四条，县级以上人民政府环境保护行政主管部门或者其他依照法律规定行使环境监督管理权的部门，有权对管辖范围内的排污单位进行现场检查。该法对环境保护部门只是赋予了现场检查权，不利于打击正在进行的严重排污企业。如果环境保护部门初步认定一个企业的行为已构成严重排污，且有迹象表明其正在进行排污时，应赋予环境保护部门暂停污染企业生产的权力，以有力保护周围的环境。当然，对于环境保护部门的禁令被禁企业有申诉或者向上级环保部门复核的权利，当然申诉或者复核期间不停止执行。由于生态环境部门对该企业所发的禁令，切实关系到该企业的利益，属于具体行政行为。因此，被禁企业可以选择向法院起诉。对于环境保护部门的禁令如确有错误的，给被禁企业带来损失的，被禁企业可以要求赔偿。如果被禁企业对环保部门的禁令不予理睬，仍然继续排污的，环境保护部门可以申请法院予以强制执行。

《环境保护法》第十五条，跨行政区的环境污染和环境破坏的防治工作，由有关地方人民政府协商解决或者由上级人民政府协调解决做出决定。关于跨区污染管辖权的确定可以比照管辖权的确定规则，高效快速对环境污染予以防治，减少对环境的破坏。跨区的污染直接涉及跨区的两个行政环保部门，可以由他们直接协调。如果跨区的两个行政环保部门是平级的，可以先由他们协调，协调不成的，有其共同上级环保部门予以决定。

如果跨区的两个行政环保部门不是平级的，一般情况下由上级环保部门予以处理，上级环保部门也可以交由下级环保部门处理。

（3）环境的保护和改善

《环境保护法》第十九条，开发利用自然资源，必须采取措施保护生态环境。应该具体到什么类型的企业需采取什么样的措施保护生态环境，具体到企业的类型和采取措施的种类，如果笼统这样规定的话，在执法过程中，可能造成政府依据的法律标准不一样，那么会降低法律的权威性，也可能导致在实践中执法的混乱。一方面，不利于政府的环境执法，规定过于宽泛，指导性不强，让人无所适从；另一方面，不利于开发利用自然资源的企业，采取相应的保护环境的措施。比如，对于旅游开发造成的生态破坏和进行非旅游开发导致的生态破坏，就应该采取不同的环境生态保护措施。

《环境保护法》第二十二条，制定城市规划，应当确定保护和改善环境的目标和任务。这一条只是从法律上进行了规定，而没有规定相应的保障以及遵守的监管措施和监管机构的设置，因此是不完善的。应该在做出这条法律规定的同时，就应该把保障法律实施的机构和监管的机关都规定清楚。

（4）环境污染和其他公害的防治

《环境保护法》第二十六条，规定"三同时"制度。这对于环境污染的防治意义重大，但是实践中的执行却并不理想。表现为建设项目中防治污染的设施是一个摆设，只是为了应付环保行政管理部门的检查。

因此，对"三同时"的规定应突出两点：第一，环境保护部门在对企业防治污染的设施应进行每月一到两次的不定期检查；第二，对"三同时"制度贯彻不力的单位，视其情节在第二次开始给予财产的处罚。只有这样，各生产单位才会重视环境污染的防治，并将环保设施的维护和正常运转纳入日常生产监管中。

《环境保护法》第二十八条，是关于超标排污收费和治理。这里存在的问题是法律中没有对排污费的上下幅度予以规定，环境保护行政部门的执法裁量权过大，容易出现权力寻租行为。在实践中，一方面，排污费普遍存在远远不够支付对环境的治理费用，这有悖于排污费设置的初衷，因为排污费就是为了专项用于污染的治理。这样就导致政府会为环境额外支付排污费或者排污费被挪作其他用途。另一方面，企业对排污的谨慎建立在污染的成本远远大于其所获利益方面。如果排污所获得的利益大于其成本，加上排污被查出的概率不大，企业的排污行为就会无所顾忌。因此，对排污费的界定应是不少于治理费用和其排污期间所获得相比治理污染所获得的额外利润。此外，对于有确切证据证明该排污企业在以前也有排污违法行为时，应追溯征收排污费。总之，不能让排污的企业因为排污占到便宜。通过这些规定目的是对环境保护行政部门的执法裁量权予以限制，避免执法过程的随意性；也会使企业主体对自己排污的行为的后果有更明确的预测，维护了法律的权威和稳定性。

在实践中，对于超标排污治理的责任主体不明，这里应明确超标排污的责任主体应是环境保护行政管理部门。在环境超标行为被认定后，环境保护行政管理部门会要求该污染企业上交排污费。这时，污染企业不可能自己再拿钱来治理，因此，合理的超标排污的责任主体应是环境保护行政管理部门。该污染企业拥有治理条件时，环境保护行政管理部门可以要求其限期治理，但是应由环境保护行政管理部门对其治理成本予以补偿，因为治理本是环境保护行政管理部门的责任。如果该污染企业没有治理条件时，环境保护行政部门可以采用招标的形式确定治污主体，并监督验收其治污过程和结果。

《环境保护法》的第三十一条，是关于发生环境污染的企业的报告义务。这一条在实践中遵守的不太理想。污染企业造成环境污染往往是有意为之，试想，有谁会主动揭发自己的环境污染行为。而被曝光后的所带来的行政罚款和公司形象的破坏更是导致污染企业对污染事故的"冷处理"，甚至不处理。发生污染事故后，受到的损害往往涉及一个群体，且容易造成直接的人身和财产的损害，稍微处理不慎容易诱发群体性事件。

因此，对环境污染事故的处理要及时，这时，发生环境污染的企业的报告义务就显得十分重要。考虑在刑法条文中设置怠于报告严重环境污染事故罪，对发生严重环境污染事故并怠于报告，情节严重的，可以追究相关责任人员的刑事责任。这样对污染单位形成强大的压力，必然有效改变"怠于报告"的状况。

2. 我国环境污染防治机制的执法完善

任何法律的有效实施都离不开有效的惩处机制，有效的惩处机制能够对违法行为形成威慑力，使人们不敢违法，从而维护了法律的权威，使法律得到有效贯彻。笔者结合《环境保护法》对环境侵权的惩处机制进行分析，并提出自己的看法。

《环境保护法》第三十六条、三十七条，规定了对环境责任企业处以罚款，但是并没有要求造成环境污染的企业负责治理污染，这样只会导致污染—罚款—再污染—再罚款的恶性循环，从而使环境污染得不到根本的解决。在《环境保护法》中应该规定罚款与治理环境相结合的惩处办法，既惩罚了污染环境的企业，也使环境污染问题得到了治理，这也是谁污染谁治理的理念所要求的。此外，还要建立相应的监督机制，监督污染环境企业对环境污染的治理。

在《环境保护法》中对环境污染企业处以罚款的数额没有范围的规定，所以在实践中生态环境部门对环境污染的企业处罚往往较轻，导致企业在高额利润的驱使下依然我行我素。这样，罚款对污染企业已经起不到警戒的作用，反而会助长企业以污染环境为代价赚取高额利润的倾向。

《环境保护法》第四十二条，规定环境诉讼时效期为三年。由于环境侵权的特殊性，环境事故结果的显现往往具有累积性、长期性。环境事故的结果可能需要几十年甚至上百年才显现出来，而环境诉讼时效期间只有三年，这样既会使环境事故的受害者得不到充分保护，也使环境污染企业环境污染的机会成本较低，从而变相纵容了企业的环境污染行为。

《环境保护法》第四十五条，对环境执法人员的监督机制不完善，不应该只由环境行政部门对其进行管理监督，还应该建立社会监督机制，吸收民众和媒体对其进行监督。人人都有监督举报的权利，这样才会形成对环境执法人员的约束机制，使环境执法人员不敢滥用职权、玩忽职守、徇私舞弊。我国环境保护的民间组织是我国环境保护的重要力量之一，民间组织在环境保护中发挥着不可忽视的作用。环保民间组织在环境监督、环保宣传等方面具有政府部门所没有的优势。但是我国环境保护民间组织的发展还存在很多问题。

第一，民间环保组织普遍存在运作资金不足的情况。政府要加强对环境保护民间组织的支持力度，给予他们更多的优惠政策和资金支持。首先，环保部门要免费给他们提供环境污染监测仪器，让他们利用仪器去监测环境，从而得出环境污染的准确数据，并把数据及时反映给环保部门，环保部门依据这些环境污染数据可以追究环境污染事故的责任，同时利用这些数据也可以针对性地制定出环境污染防治的措施。其次，政府要鼓励环保志愿者的环保行动，划拨一定的资金作为他们的活动经费。

第二，民间环保组织的力量还不够强大，公众参与环保组织的热情普遍不高。首先，环保部门要加强环境保护的宣传，提高人们对环境保护的认识，使人们意识到保护环境的重要性，在全社会营造保护环境的氛围，号召更多的志愿者参与环境保护组织。其次，政府要降低环境保护民间组织成立的门槛，鼓励成立更多的环境保护民间组织。

第三，环保专业人士参与不够。环境保护民间组织需要一些环境治理方面的专家，以环境治理专家为核心的环保民间组织才能对环境污染事件做出科学正确的分析，才能领导环保组织发挥更大的作用，才能为环境政策的制定提出切实的建议，才能对企业的环境污染行为进行有效的监督。

第四，政府要减少对环保组织的行政干预。让环保组织充分发挥自身的主动性，进行环境保护的宣传，进行环境污染的调查和监督。还要在全国建立民间环保组织的统一领导机构，对民间环保组织进行有效管理，使其能高效地开展活动，而不是像一盘散沙。

二、可持续发展微观对策

（一）加强绿色生态观教育

1. 加强绿色化生产和绿色消费教育

首先，就企业角度而言，企业应树立绿色化生产意识，生产企业要主动担负起社会责任，通过在职培训、终身教育等机制加强人员素质的培养，从而强化绿色生产及产品的塑造。在对企业人员的教育和培养中，应注意以下三个方面内容：第一是企业人员绿色生产的思维和理念的培养，要加深他们对绿色生产的重要性和必要性认识与引导，使他们形成更加科学的价值观；第二是让企业人员掌握绿色管理的技能，在企业生产、运营过程和运输销售等环节都使用绿色化的管理技能来实现更加科学的生产和绿色化的治理；第三是让企业的相关人员掌握一些先进的专业化技术，比如绿色的制造、生产、物流技术等，这些专业技术是强化绿色生产的基础和关键。确保生产所采购的产品及原材料符合低消耗的生态理念，在产品的制造和研发环节落实相关绿色要求。

其次，应该通过媒体和其他渠道推行绿色消费教育，绿色消费教育需要社会对大众加以引导，绿色消费教育应当是面向全体社会成员的。通过环境问题的严重性、绿色消费价值观的必要性等教育，可以让消费者对生态环境问题给予更多关注，强化绿色消费教育有助于人们养成节约资源能源、适度节俭、保护生态环境的情感态度，减少自身的奢靡浪费等一些不合理消费行为。

绿色消费是一种正确的消费理念。强化大众的绿色理念和绿色思维，让消费者崇尚绿色消费，并将行动体现到日常行为中去，能对生态产生积极的影响。

2. 着力提高全民生态科学素养

生态素养的培育是一项基础又系统的工程，涉及人们对生态价值的知识储备、认知以及保护生态的意愿和行为能力，它关乎人与自然能否长期和谐共处，在我国建设成为富强民主文明和谐美丽的社会主义现代化强国的目标中，全面提升人民生态素养，无疑是非常关键的一环。

首先，提升全民生态科学素养需要提高生态认知和辨别能力，需要国家和社会敦促公民真正地去了解生态，将各个渠道获得的生态知识转化为有利于环境的实际行动，做到知行合一。规范全民行为，让全民保持对生态的敬畏、对提升素养的重视。

其次，社会层面应该多方合力，高度重视，坚持生态发展、尊崇生态理念、推行生态行为、培养生态人才是实现良好生态可持续发展必须长期坚持的重要举措。政府是主要引导者之一，应该摆正其引路人的角色，从大局抓起，教育部门需要大力推进全民生态科学素养，学校教育是提升全民生态科学素养的重中之重，应该在生态素质的观念、知识和能力方面均要求达标，教师也要避免一些空洞化的教育，让学生在切实的感受中提升相关素养。此外，社会的监督、家庭的熏陶和个人的践行这些环节也都不能忽视。

落实提高全民生态科学素养，只有全民生态科学素养都提升上去了，消费者主动遵守公德，扮演好消费者、使用者、维护者的角色，甚至主动担当起管理者和监督者的角色，生态可持续的发展目标才能更加顺利地实现。大众应该具有环保意识、规则意识、诚信意识、协同意识，每个人都应主动地参与到生态可持续发展的运营和管理中去，加入一些生态保育工作的志愿服务，参与企业的一些常规管理，通过自身的实践和经验向企业反映一些合理的问题和诉求，为生态价值更好实现提出相应的建议。

（二）树立环境可持续安全观念

1. 化解环境变化造成的安全困境

人类生存环境的深刻变化造成了诸多的安全威胁，在处理这些安全威胁的时候，国际社会现有的方式和方法往往使自身处于安全困境之中，这些安全困境包括：环境博弈的囚徒困境、吉登斯困境和"蝴蝶效应"困境等。可持续安全观念，特别是可持续安全的宏观结构和可持续安全文化一旦在全球得以确立，安全困境就会在根本上、源头上得以化解。

我们说囚徒困境的出现就是在双方没有串供的基础上出现的，而"可持续安全观念"如果得以确立，就相当于各国在遇到环境问题时事先串供，在解决问题和制定决策时就可以产生默契，这样，环境议题上不合作的姿态将得到有效减少，在以"全球命运共同体"为观念共识的基础上，国家间在处理环境问题时都以集体的利益作为自身做出决策的基本因素，这样的决策往往最接近帕累托最优，得到的结果对各国家都是最好的选择。

就吉登斯困境而言，如果"全球命运共同体、和平正义、平等交流、重视发展、尊重自然"这样的可持续安全观念得以建构，那么国家在面对气候等环境变化问题上就会以正义、平等、交流的方式处理国家间的相关问题和矛盾，以发展和自然作为政策制定的考量标准，个人在日常生活中也会以尊重自然的方式规范自身的行为。这样环境安全问题一旦出现就会得到相关重视，在国家层面得到及时解决，在个人层面又得到相关预防，避免了其不断地发酵、扩大，吉登斯困境也就迎刃而解。

环境变化的"蝴蝶效应"困境强调的是环境安全问题原因的多发性、系统性、复杂性。可持续安全观念中"重视发展、尊重自然"的基本要素在环境问题治理过程中可以帮助避免"蝴蝶效应"的出现。在环境问题上，其对象是自然或者说是人与自然的关系，那么就必须把自然作为研究对象，抛开主观的、人的因素，客观地从自然的角度进行治理，否则大自然会在不经意间将环境问题逐步扩大，进而对人类的生命和财产造成损失。

2. 推动全球可持续发展

可持续发展是指一种组织原则，这种组织原则在满足人类发展目标的同时维持自然系统提供经济和社会发展所需的自然资源和生态服务。"促进可持续发展"是与"维护国际和平与安全""保护人权""提供人道主义援助""维护国际法"并行的联合国"五大行动使命"之一，是关系到子孙后代能否在地球上生存的重要议题。

可持续安全与可持续发展是相伴相生的两个议题，没有安全就谈不上发展，而发展又是维护安全的动力和源泉。以"全球命运共同体、和平正义、平等交流、重视发展、尊重自然"为主要内容的可持续安全观念在国际社会得以建构会对全球可持续发展带来极大的积极效应，而可持续安全观念中"重视发展、尊重自然"的内容在实质上与可持续发展的基本理念是相吻合的。

可持续安全观念本质上是包含可持续发展观念的，只不过可持续安全观念关注的不仅仅是生态系统的发展能力，还关注人与人之间、国家与国家之间有关安全议题互动的方式和结果。

3. 促进人类发展福祉

可持续安全观念建构的出发点就是包含着"理想主义"成分在内的，使用的建构主义理论也是一种"进化理论"，温特自己在《国际政治的社会理论》一书中也承认，其关于霍布斯文化、洛克文化、康德文化的论述是偏向倡导康德文化的。所以"可持续安全观念"在内涵设计上就是以能够促进人类发展福祉为目标的。

"和平正义、平等交流"这些观念要素的构建可以在国际社会上基本消除战争。试想国家间出现矛盾后都遵循正义原则，以平等的地位进行交换意见，通过多次交流和交往便会形成相互的谅解，寻找出正确的解决方案，这种方式必然会带来世界和平，而用于战争和军事的相关资源就可以转移到环境建设、科技发展、人文交流等领域，这是对于人类发展来说最大的意义。

"重视发展、尊重自然"这些观念要素的构建可以更好地造福后代，实现人类繁衍生息的目标。如果国际社会都能够意识到"重视发展、尊重自然"，那么环境问题将逐步得到解决，环境改善将指日可待，人类的生活质量将有一个质的飞跃，留给子孙后代一个更好的地球。

（三）提高环保的公众参与

在现实的生活中，法律意识、公民意识等内容常常为人们所关注，但是生态环保意识并没有得到足够的关注。实际上，培养社会公众的环保意识同样具有非常重要的意义。

一方面，培养社会公众的生态环保意识能够激发社会公众保护自然环境的内在动机。通过提高社会公众生态保护意识水平，能够使生态保护行为实现从"要我做"向"我要做"的积极转变，使社会公众能够自觉地保护自然环境。这样就可以营造保护环境的社会氛围，为环境保护实践提供坚实的群众基础。另一方面，培养社会公众的生态环保意识，能够改变人类中心主义的理念，尊重生态价值。在传统的经济发展模式中，人类中心主义曾经占据主流的思想，这使得生态发展的权益并没有得到充分的关注。加强社会公众的生态环境教育，培养社会公众的生态意识，尊重生态的价值，这使得人类在生产与发展的过程中，能够尊重生态价值，寻求人与自然和谐发展的具体措施，积极实施可持续发展战略。

因此，政府机构与社会组织应该充分认识培养社会公众环境保护意识的必要性与重要性，积极采取措施，加强社会公众的生态教育，切实提高社会公众的生态保护意识水平。政府机构要加强环境保护方面教育与宣传，倡导生态保护的理念，让社会公众认识到保护自然的重要价值。这可以促使他们在生活与工作中，积极做好环境保护工作，推动生态文明建设。

（四）树立全面的生态保护理念

政府机构与社会组织在培养公众生态保护意识的过程中，应该引导社会公众树立全面的生态保护理念，主要包括如下三个方面：

1. 认同生态价值

意识到人类与非人类生命体是一个统一整体，倡导生命中心主义平等准则，认为人类与非人类的生命体拥有均等的生存与发展的权利。因此，培养社会公众的环境保护意识，应该认识到非人类生命形式同人类一样在地球上有其生存和发展的权利，与人类一起构成了生命共同体。这种整体性的理念，能够促使社会公众在生产与学习中，在实现自我期望的同时，能够充分关注生态的价值，避免为了满足自身的需求，过多地影响和破坏生态系统的发展。根据这一理念，人类在推动经济与社会发展的过程中，会将生态因素作为一个重要的因素认真贯彻执行。这可以实现人与自然的和谐发展，实现可持续发展战略。

2. 推崇节俭的生活方式

采用简单的方式获取生活中的幸福。节俭是中华民族的传统美德，在培养社会公众的环境保护意识的过程中，可以宣传和推广简单的生活方式，让社会公众能够认同与采取简单的生活方式。社会组织可以发挥自身的作用，通过网络的形式，对简单的生活方式进行宣传和推动，培养简约朴素的社会风气。通过宣传与鼓励节俭的生活方式，让社会公众在生活中节约生活资源，避免因为过度占用生活资源而给生态发展带来压力与破坏。

3. 倡导以精神生活为核心的生活质量标准

不能将物质水平作为生活质量标准，以避免因为人类为了拥有不断增多的物质生活资料而过度地占有生态资源，对其他形式生命体的存在和发展产生负面的作用。因此，我们可以强调人们不断丰富自身的精神生活内容，引导社会公众注重精神生活，精神世界满足了，人类整体的生活质量才算真正提高了。

第六章　可持续城市生态园林设计

第一节　城市生态功能圈

城市生态绿地系统以人类为主要服务对象，其生态效益可以改善人体的生理健康。城市生态绿地系统是城市的基础设施，建设生态绿地系统已成为当代城市园林绿化发展的必然趋势。随着科技水平的提高，城市生态绿地系统在传统的观赏游憩功能基础上，更注重其生态功能的充分发挥；同时，兼顾经济与社会效益，从而实现城市可持续发展的客观要求。

一、城市生态功能圈的划分

（一）划分的意义和目的

以城市生态学理论为指导，把人类的居室和城市的郊区、郊县作为城市生态环境工程建设的重要组成部分，将城市区域由室内空间到室外空间、由中心城区到郊区郊县划分为五大城市生态功能圈；构建了城市由室内空间到室外空间、由中心城区到郊县的居室、社区、中心城区、郊区、郊县五大生态功能圈及其绿化工程，提出了城市绿化新模式。这种模式的建立有利于发展生态系统的多样性、物种与遗传基因的传播与交换，提高了绿地系统中植物的多样性；同时，也有利于发展城市园林的景观多样性，提高绿地的稳定性，形成一个和谐、有序、稳定的城市保护体系，促进城市的可持续发展。

（二）构建依据

1. 生态学原理

建设生态园林，主要是指以生态学原理为指导（如互惠共生、生态位、物种多样性、竞争、化学互感作用等）来建设的园林绿地系统。

2. 环境的基本属性

环境具有三个属性：一是整体性；二是区域性；三是动态性。整体性决定了城

160

市市区和市郊的生态环境是一个整体；区域性决定了环境质量的差异性；居住的动态性则表现为室内环境—室外环境—小区环境—居住区环境—中心城市环境—大城市环境。

3.Park 的城市社区结构理论

Park 将社区作为城市的基本结构单元，建立起由城市、社区、自然区组成的三级等级单元。

4.Burgess 的城市地域景观结构的同心圆模式理论

Burgess 认为城市的空间扩展本质上都是集中与分散，在向心力的作用下，产生人口的向心流动，在离心力的作用下，产生离心反动。由此形成社区解体与组合的两个互补的过程，构成城市空间地域的同心圆结构。

5. 霍德华的"田园城市"模式理论

霍德华在《明日的田园城市》（1898）中提出了自己的城市规划思想理论，并专门设计了"田园城市"模式图，是由一个核心、六条放射线和几个圈层组合的放射同心圆结构。每个圈层由中心向外分别是绿地、市政设施、商业服务区、居住区、外围绿化区，然后在一定距离内配置工业区，整个城市区被绿带网分割成不同城市单元。每个单元都有一定人口容量限制（3 万人左右），新增人口住宅再沿放射线向外面新城扩建。该理论对后来的城市规划、城市生态学、城市地理学的影响很大。但"田园城市"思想更多考虑的是城市的生活功能，而对其经济职能考虑较少，对于人口众多、经济落后的第三世界国家，它只是一种难以实现的理想化模式

6. 生态环境脆弱带原理

生态环境脆弱带在生态环境改变速率、抵抗外部干扰能力、生态系统稳定和适应全球变化的敏感性上表现出相对明显的变化。随着社会经济的发展，生态环境脆弱带的空间范围和脆弱程度都明显变化。

（三）城市生态功能圈的划分（五大功能圈）

我们以人为中心，依据人类生活的环境由近及远，并从城市环境整体出发，将城市区域划分为五大生态功能圈：

1. 居室生态功能圈

"生态"直接所指是人类与环境的关系。城市居民与其居室周围环境的相互作用所形成的结构和功能关系，称居室生态。现代生态学与城市研究的结合，自然地要求建立生态城市。而生态学与居室研究的结合也自然地要求建立生态居室。生态居室是生态城市的重要内容，也是 21 世纪人类居室发展的必然趋势。

2. 社区生态功能圈

社区包括与人关系比较密切的两种功能圈：居住区功能圈和工业区功能圈。

（1）居住区功能圈

家庭是组成社会的细胞。家庭生活的绝大部分是在住宅和居住区中度过的。因而，

居住区可说是城市社会的细胞群。居住环境质量是人类生存质量的基础，也是影响城市可持续发展、居民身心健康的关键所在。居住区绿化是普遍绿化的重点，是城市人工生态平衡的重要一环。

（2）工业区功能圈

有着多种防护功能的工业区绿地是城市绿化建设的重要组成部分，不仅能改善被污染的环境，而且对城市的绿化覆盖率也有举足轻重的影响。而绿地的面积、规模、结构、布局及植物种类直接影响各种生态效益的发挥。为了使工厂中宝贵的绿地发挥出最大的综合效益，必须对绿地进行精心的规划设计，对绿地的空间进行合理的艺术布局，对绿地中使用的植物进行科学的选择和配置。只有选择多种多样、各具特色的植物，在绿地中配合使用，才能实现绿化的多种综合效益。

3. 中心城区生态功能圈

中心城区生态功能圈是城市人口、产业最密集、经济最发达的地区，也是生态环境最脆弱、环境污染最严重的地区。中心城区是城市的主体，因而城市中心城区生态功能圈是城市生态环境建设的基础和重点，在维护整个生态平衡中具有特殊的地位和作用。其良好的生态环境是人类生存繁衍和社会经济发展的基础，是社会文明发展的标志。

4. 郊区生态功能圈

此圈位于城市人工环境和自然环境的交接处，是城市的"弹性"地带，为城市的城乡交错地带，属于生态脆弱带地区。在改善城区生态功能的重要环节中除了通过旧城改造增加有限绿地外，更重要的是强化城周辅助绿地系统建设，以改善城乡交错带市郊绿地系统的整体生态功能。

5. 郊县生态功能圈

对于城市生态绿化建设，郊县的绿化工程建设也是重要的组成部分。在城郊绿地的建设过程中，要根据周边地区主要风向，粉尘、风沙和工业烟尘的走向等有计划地进行规划设计，确定种植哪些树种、种多少排、密度多少等重要问题。将城郊大范围地区建成与城内紧密相连的绿色森林，形成良好的城市生态大系统。

二、城市生态人工植物群落类型

1. 观赏型人工植物群落

观赏型人工植物群落是生态园林中植物利用和配置的一个重要类型，它选择有观赏价值、多功能性的观赏型植物，遵循风景美学原则，以植物造景为主要手段，科学设计、合理布局，用植物的体形、色彩、香气、风韵等构成一个有地方特色的景观。

在观赏型的种群和群落应用中，植物配置应按不同类型，组成功能不同的观赏区、娱乐区等植物空间。在对植物的景色和季相上要求主调鲜明和丰富多彩，能充分体现出小环境与周围生态环境的不同气氛。

2. 环保型人工植物群落

环保型人工植物群落是以保护城市环境、减灾防灾、促进生态平衡为目的的植物群落。其主要是根据污染物的种类及群落功能要求，利用能吸收大多数污染物质及滞留粉尘的植物进行合理选择配置，形成有层次的群落，体现净化空气的功能，使城市生态环境中形成多层次复杂的人工植物群落，为城市涤荡尘污，创造空气新鲜的环境。

3. 保健型人工植物群落

保健型人工植物群落是利用具有促进人体健康的植物组成种群，合理配置植物，形成一定的植物生态结构，从而利用植物对人体有益的分泌物质和挥发物质，达到增进人体健康、防病治病的目的。

保健型植物群落的意义在于当植物群落与人类活动相互作用时，可以产生增强体质、防止疾病或治疗疾病的作用。植物杀菌是植物保护自身的一种天然免疫因素。在公园、绿地、居民区，尤其是医院、保健区等医疗单位，应根据不同条件设计具有观赏价值的健身活动功能区域，将植物分别配置，创造医疗保健的场所，使绿地发挥综合功能，使居民增强体质，促进身心健康。

4. 科普知识型人工植物群落

科普知识型的种群和人工植物群落，是在公园、植物园、动物园、林场、风景名胜区中辟建，以保护物种和生态环境为目的的生态园林。园林植物的筛选，不仅要着眼于色彩丰富、花大重瓣的栽培品种，还应将濒危和珍稀的野生植物引入园内，以保护植物种质基因资源，将其作为基因库来逐步发展。这样做不仅丰富了景观，还保存与利用了种质资源，能使广大群众产生爱护植物、保护植物的意识，从而进一步提高城市绿化及生态工程建设的自觉性和积极性。

5. 生产型人工植物群落

在城市绿化中，还可以在近郊区或远郊县建设具有食用、药用及其他实用价值的人工植物群落。发展具有经济价值的乔、灌、花、果、草、药和苗圃基地，并与环境协调，既满足了市场的需要，又能增加社会效益。

6. 文化环境型人工植物群落

在特定的文化环境如具有历史文化纪念意义的建筑物、历史遗迹、纪念性园林、风景名胜、宗教寺庙、古典园林和古树名木的场所，要通过各种植物的配置，创造相应的具有独特风格的、与文化环境氛围相协调的文化环境型人工植物群落。它能起到保护文物而且提高其观赏价值的作用，使人们产生景观意识，引起共鸣和联想。

7. 综合型绿地的人工植物群落

指建设公共绿地、街心花园等同时具有多种功能的人工植物群落。这种类型的绿地是以植物的观赏特性结合其适应性和改善环境的功能选用植物种类，可选用的园林植物种类最为丰富，绝大部分的乡土园林植物和大量引种成功的园林植物都可适当地加以应用。

第二节　园林设计指导思想、原则与设计模式

在以人为本的思想指导之下，结合现代生产生活的发展规律及需求，在更深层的基础上创造出了更加适合现代的园林景观。更多地从使用者的角度出发，在尊重自然的前提下，创造出具有较强舒适性和活动性的园林景观。一方面，在建筑形式和空间规划上有适宜的尺度和风格的考虑，居住环境上应体现对使用者的关怀；另一方面，对多年龄层的使用者加以关注，特别是增加适合老人和儿童的相应服务设施和精神空间环境。创造更多的积极空间，以打造大多数人的精神家园。

一、园林设计指导思想

1. 融于环境

园林景观依托于周围广阔的自然环境，贴近自然，田园风光近在咫尺，有利于创造舒适、优美的景观。自然资源是这一区域的最重要的景观优势，设计者应当充分维护自然，为利用自然和改造自然打好坚实的基础：

（1）创造良好的生态系统；（2）园林景观与城市景观相互协调；（3）建立高效的园林景观。

2. 以人为本

人与自然之间的关系和不同土地利用之间关系的协调在现代景观设计中越来越重要，以人为本的原则更是重中之重。这一原则应深入到园林景观设计当中，尊重自然，满足人的各种生理和心理要求，并使人在园林中的生活获得最大的活动性和舒适性。具体地说，要从两个层次入手：第一个层次是建筑造型上应使人感到亲切舒服。空间设计上，尺度要适宜。能够充分体现设计者对使用者居住环境的关怀。第二个层次是园林景观设计应当更多地考虑老人与儿童，增加相应的服务设施，使老人与儿童心理上得到满足的同时精神生活也更加丰富和多姿多彩，将空间设计成为所有人心目中的精神家园。

3. 营造特色

一个城市的园林景观能否树立一个良好形象的关键在于它是否拥有自己的特色。要达到这一要求，不能将景观要素简单地罗列在一起，而是应该总揽全局，有主有次，充分利用已有的景观要素，通过对当地环境、地理条件、经济条件、社会文化特征以及生活方式的了解，加入自己的构思，充分体现地方传统和空间特征（包括植物、建筑形式等地方特色），将其园林景观特色发挥得淋漓尽致。

4. 公众参与

无论是古代中国的园林还是世界各地的园林景观，在其出现之初，公众参与就与

之相伴。然而园林景观发展到现在，现代理念不断更新，公众参与却逐渐消失。园林景观建设要努力创造条件，从当地的环境出发，使居民对周围环境产生共鸣和认同感，对居民的行为进行引导，提高公众参与的兴趣与意识。结合当地的民风民俗及人文景观，利用当地政府、企事业单位的带头作用，激发园林景观建设的活力，营造公众参与的社会氛围。

5. 精心管理

靓丽的园林景观是一个发展中的动态美，要始终展现出较为完美的景观状态是一个比较复杂的生物系统工程，需要社会各界人士的广泛支持，更需要公众对其有意识地维护。特别是在大力投资建设之后，管护的作用就更加凸显，要坚持"三分建设、七分管理"，特别要注重长期性、经常性维护。

二、园林设计的原则

1. 协调发展

耕地不多、可利用土地紧张是我国现有土地的总体情况，合理利用土地是当务之急。在园林景观的设计建设中，首先，要合理地选择园林景观用地，使得园林景观有限的用地更好地发挥改善和美化环境的功能与作用；其次，在满足植物生长的前提下，要尽可能地利用不适宜建设和耕种的破碎地区，避免良田面积的占用。

园林景观用地规划是综合规划中的一部分，要与城市的整体规划相结合，与道路系统规划、公共建筑分布、功能区域划分相互配合协作。切实地将园林景观分布到城市之中，融合在整个城市的景观环境之间。例如，在工业区和居住区布置时，就要考虑到卫生防护需要的隔离林带布置；在河湖水系规划时，就要考虑水源涵养林带及城市通风绿带的设置；在居住区规划中，就要考虑居住区中公共绿地、游园的分布以及住宅旁庭园绿化布置的可能性；在公共建筑布置时，就要考虑到绿化空间对街景变化、镇容、镇貌的作用；在道路管网规划时，要根据道路性质、宽度、朝向、地上地下管线位置等统筹安排，在满足交通功能的同时，要考虑到植物种植的位置与生长需要的良好条件。

2. 因地制宜

中国的国土面积广阔，跨越多个地理区域，囊括了众多的地理气候，拥有各色自然景观的同时也具有各自不同的自然条件。城市就星罗棋布地散落在广阔的国土上。因而在城市园林景观的设计中要根据各地的现实条件、绿化基础、地质特点、规划范围等因素，选择不同的绿地、布置方式、面积大小、定额指标，从实际需要和规范出发，创造出适合城市自身的景观，切忌生搬硬套，脱离实际地单纯追求形式。

3. 均衡分布

园林景观均衡分布在城市之中，在充分利用空间的基础上增加了新的功能。这种均衡的布局更方便公众的使用与参与，比较适合城市的建设。在建筑密度较低的区域，可依据当地实际情况，增加数量较少的、具有一定功能性质的大面积城市绿地等，这些公共场所必将进一步提升城市的生活品质。

4. 分期建设

规划建设就是要充分满足当前城市发展及人民生活水平，更要制定出满足社会生产力不断发展所提出的更高要求的规划，还要能够创造性地预见未来发展的总趋势和要求。对未来的建设和发展做出合适的规划，并进行适时的调整。在规划中不能只追求当前利益，避免对未来的发展造成困难。在建设的同时更要注重建设过程中的过渡措施和整体资源利益。

5. 展现特色

地域性原则主要侧重的是城市的历史文化和具有乡土特色的景观要素等方面的问题。建筑是城市景观形象与地域特色的决定因素，原生态的建筑的形制、建筑群体的整体节奏以及所形成的城市整体面貌是城市的主体景观形象的体现。创造具有地方特色的城市景现就是要在景观设计中保护和改造具有传统地方特色的建筑，以及由建筑组合形成的聚落、城市。

6. 注重文化

文化景观包括社会风俗、民族文化特色、人们的宗教娱乐活动、广告影视以及居民的行为规范和精神理念。这是城市的气质、精神和灵魂。通常形象鲜明、个性突出、环境优美的城市景观需要有优越的地理条件和深厚的人文历史背景做依托。无论城市景观设计从何种角度展开，它必定是在一定的文化背景与观念的驱使下完成的，要解决的是城市的文化景观和景观要素的地域特色等方面的设计问题。因此，成功的景观设计，其文化内涵和艺术风格应当体现鲜明的地域特色与民俗特色。具有地域特色的历史文脉和乡土民俗文化是祖先留给我们的宝贵财富，在设计中应该尊重民俗，注重保护城市传统地方特色，并有机地融入现代文明，创造具有历史文化特色的、与环境和谐统一的新景观。

三、园林设计模式

（一）园林景观的形式与空间设计

1. 点——景观点

点是构成万事万物的基本单位，是一切形态的基础。点是景观中已经被标定的可见点，在特定的环境烘托下，背景环境的高度、坡度及其构成关系的变化使点的特性产生不同的情态。这些景观点通过不同的位置组合变化，形成聚与散的空间，起到界定领域的作用，成为独立的景点。具有标志性、识别性、生活性和历史性的城市入口绿地、道路节点、街头绿地及历史文化古迹等景点是城市园林景观规划设计中的重要因素。

2. 线——景观带

景观中存在着大量的、不同类型和性质的线形形态要素。线有长短粗细之分，它是点不断延伸组合而成的。线在空间环境中是非常活跃的因素。线有直线、曲线、折线、自由线，拥有各种不同的风格。如直线给人以静止、安定、严肃、上升、下落之感；斜线给人以不稳定、飞跃、反秩序、排他性之感；曲线具有节奏、跳跃、速度、流畅、个性之感；折线给人转折、变幻的导向感；而自由线即给人不安、焦虑、波动、柔软、舒畅之感。景观环境中对线的运用需要根据空间环境的功能特点与空间意图加以选择，避免视觉的混乱。

3. 面——景观面

从几何学上讲，面是线的不断重复与扩展。平面能给人空旷、延伸、平和的感受；曲面在景观的地面铺装及墙面的造型、台阶、路灯、设施的排列等广泛运用。

（1）矩形模式

在园林景观环境中，方形和矩形是较常见的组织形式。这种模式最易与中轴对称搭配，经常被用在要表现正统思想的基础性设计。矩形的形式尽管简单，但它也能设计出一些不寻常的有趣空间。特别是把垂直因素引入其中，把二维空间变为三维空间以后，由台阶和墙体处理成的下陷和抬高的水平空间的变化，丰富了空间特性。

（2）三角形模式

三角形模式带有运动的趋势，能给空间带来某处动感，随着水平方向的变化和三角形垂直元素的加入，这种动感会愈加强烈。

（3）圆形模式

圆是几何学中堪称最完美的图形，它的魅力在于它的简洁性、统一感和整体感。

4. 体——景观造型

体属于三维空间，它表现出一定的体量感，随着角度的不同变化而表现出不同的形态，给人以不同的感受。它能体现其重量感和力度感，因此它的方向性又赋予本身不同的表情，如庄重、严肃、厚重、实力等。另外，体还常与点、线、面组合构成形态空间，对于景观点、线、面上有形景观的尺度、造型、竖向、标高等进行组织和设计。在尺度上，大到一个广场、一块公共绿地，小到一个花坛或景观小品，都应结合周围整体环境从三维空间的角度来确定其长、宽、高。例如，座凳要以人的行为尺度来确定，而雕塑、喷泉、假山等则应以整个周围的空间以及功能、视觉艺术的需要来确定其尺度。

5. 园林景观设计的布局形态

（1）"轴线"

轴线通常用来控制区域整体景观的设计与规划，轴线的交叉处通常有着较为重要的景观点。轴线体现严整和庄严感，皇家园林的宫殿建筑周边多采用这种布局形式。北京故宫的整体规划严格地遵循一条自南向北的中轴线，在东西两侧分布的各殿宇分别对称于东西轴线两侧。

（2）"核"

单一、清晰、明确的中心布局具有古典主义的特征，重点突出、等级明确、均衡稳定。在当代建筑景观与城市景观中，多中心的布局形式已经越发常见。

（3）"群"

建筑单体的聚集在景观中形成"群"，体现的是建筑与景观的结合。基本形态要素直接影响"群"的范围、布局形态、边界形式以及空间特性。

（4）自然的布局形态

景观环境与自然联系的强弱程度取决于设计的方法和场地固有的条件。

城市园林景观设计是重新认识自然的基本过程，也是人类最低程度地影响生态环境的行为。人工的控制物，如水泵、循环水闸和灌溉系统，也能在城市环境中创造出自然的景观。这需要设计时更多地关注自然材料，如植物、水、岩石等的使用，并以自然界的存在方式进行布置。

6.园林景观设计的分区设计

（1）景观元素的提取

城市园林景观应充分展现其不同于城市景观的特征，从城市的乡村园林景观、自然景观中提取设计元素。城市独具特色的景观资源是园林景观设计的源泉所在。城市园林景观设计从乡村文化中寻找某些元素，以非物质性空间为设计的切入点，再将它结合到园林规划设计中，创造新的生命力与活力。景观元素可以是一种抽象符号的表达，也可以是一种意境的塑造，它是对现代多元文化的一种全新的理解。在现代景观需求的基础上，强化传统地域文化，以继承求创新。

城市园林景观元素的来源既包括自然景观也包括生活景观、生产景观，这些传统的、当地的生活方式与民俗风情是园林景观文化内涵展现的关键要素。城市园林景观的形式与空间设计恰恰是从当地的景观中获得元素，以现代的设计手段创造出符合人们使用需求的景观空间，来承载城市人群的生活与生产活动。

（2）景观形式的组织

城市的园林景观具有很强的地域表象，如起伏的山峦、开阔的湖面、纵横密布的河流和一望无际的麦田等，这些独特的元素形成的肌理是重要的形式设计来源。在这些当地传统的自然与人文景观肌理、形态基础上，城市园林景观设计以抽象或隐喻的手法实现形式的拓展。

（二）园林景观意境拓展

1.中国传统造园艺术

（1）如诗如画的意境创作

中国传统山水城市的构筑不仅注重对自然山水的保护利用，而且还将历史中经典的诗词歌赋、散文游记和民间的神话传说、历史事件附着在山水之上，借山水之形，构山水之意，使山水形神兼备，成为人类文明的一种载体；并使自然山水融于文明之中，使之具有更大的景观价值。中国传统山水城市潜在的朴素生态思想至今值得探究、学习、借鉴。

①"情理"与"情景"结合。在中国传统城市意境创造过程中，"效天法地"一直是意境创造的主旨。但同时也有"天道必赖于人成"的观念，其意是指：自然天道必须与人道合意，意境才能生成。"人道"可用"情"和"理"来概括。在城市园林景观中，"情"是指城市意境创造的主体——人的主观构思和精神追求；"理"是指城市发展的人文因素，如城市发展的历史过程、社会特征、文化脉络、民族特色等规律性因素。

②对环境要素的提炼与升华。在城市园林景观的总体构思中，应对城市自然和人文生态环境要素细致深入地分析，不仅要借助于具体的山、水、绿化、建筑、空间等要素及其组合作为表现手法，而且要在深刻理解城市特定背景条件的基础上，深化景观艺术的内涵，对环境要素加以提炼、升华和再创造，营造蕴含丰富意境的"环境"。建立景观的独特性，使之反映出应有的文化内涵、民族性格以及岁月的积淀、地域的分野，使其成为城市环境美的核心内容，使美的道德风尚、美的历史传统、美的文化教育、美的风土人情与美的城市园林景观环境融为一体。

③景观美学意境的解读和意会。城市景观的人文含义与意境的解读和意会，不仅需要全民文化水准和审美标准的提高，还需要设计师深刻理解地域景观的特质和内涵，提高自身的艺术修养和设计水平，把握城市景观的审美心理，把握从形的欣赏到意的寄托的层次性和差异性，并与专门的审美经验和文化素养相结合，创造出反映大多数人心理意向的城市景观，以沟通不同文化阶层的审美情趣，成为积聚艺术感染力的景观文化。

（2）理想的居住环境应和谐有情趣

一般而言，能够满足安全安宁、空气清新、环境安静、交通与交往便利、较高的绿化率、院景及街景美观等要求，就是很好的居住环境。但这离"诗意地居住"尚有一定的距离。笔者认为，"诗意地居住"的环境大体上应满足如下要求：

一是背坡临水、负阴抱阳。这是诗意栖居者基本的生态需求。背坡而居，有利于阻挡北来的寒流，便于采光和取暖。临水而居，在过去便于取水、浇灌和交通，现在它更重要的是风景美的重要组成。当代都市由于有集中供暖和使用自来水，似乎不背坡临水也无大碍。但从景观美学上考察，无山不秀、无水不灵，理想的居住环境还是要有山有水的。从生态学意义上看，背坡临水、负阴抱阳处，有良好的自然生态景观、适宜的照度、大气温度、相对湿度、气流速度、安静的声学环境以及充足的氧气等。在山水相依处居住，透过窗户可引风景进屋。

二是除祸纳福、趋吉避凶。由于中国传统文化根深蒂固的影响，今天这二者依然是人们选择居所时的基本心理需求。住宅几乎关系到人的一生，至少与人们的日常生活密切相关。因此，住宅所处的地势、方位朝向、建筑格局、周边环境应能满足"吉祥如意"的心理需求。

三是内适外和，温馨有情。这是诗意地居住者精神层面的需求。人是社会的人，同时又是个体的人，有空间的公共性和空间的私密性、领域性需求。很显然，如果两幢房子相距太近，对面楼上的人能把房间里的活动看得一清二楚，就侵犯了人们的私密性和领域感，会倍感不适，难以实现"诗意地居住"。但如果居住环境周围很难看到一个人，也同样会有不适感。鉴于人的这种需求特点，除楼间距要适宜外，居所周围也应有足够的、相对封闭的公共空间供住户散步、小憩、驻足、游戏和社交。公共空间尺度要适宜，适当点缀雕塑、凉亭、观赏石等小饰品，使交往空间更富有人情味，体现出温馨的集聚力。

四是景观和谐，内涵丰富。这是诗意地居住者基本的文化需求。良好的居住环境周围应富有浓郁的人文气息。周边有民风淳朴的村落、精美的雕塑、碧绿的草坪、生机盎然的小树林是居住的佳地。极端不和谐的例子是别墅区内很精美，周围却是垃圾填埋场；或者一边是洋房，一边是冒着黑烟的大工厂。只有环境安宁、景观和谐、文化内涵丰富的环境，才能给人以和谐感、秩序感、韵律感、归宿感、亲切感，才能真正找到"山随宴坐图画出，水作夜窗风雨来"的诗情画意。

（3）建设充满诗意的园林社区

如何适应现代人的居住景观需求，建设富有特色的城市景观，开发人与环境和谐统一的住宅社区是摆在设计师面前的重要课题。由于涉及的技术细节是多方面的，这里仅谈几点建议：

其一，将建设"花园城市""山水城市""生态城市"作为城市建设和社区开发的重要目标。没有良好的城市大环境，诗意地居住将会"皮之不存，毛将焉附"。因此，在建设实践中要高度重视建筑与自然环境的协调，使之在形式上、色彩运用上既统一，又有差别。在城市开发建设中不能单纯地追求用地大范围，建设高标准，不能忽视城市绿地、林荫道的建设，至于挤占原有的广场、绿化用地的做法更应力避之。还要注意城市景观道路的建设，如道路景观、建筑景观、绿化景观、交通景观、户外广告景观、夜景灯光景观等。景观道路虽是静态景观，但若以审美对象而言，随着欣赏角度的变化，人坐在车上像看电影一样，又是动态的。

其二，在城市建设或住宅开发中注意对原有自然景观的保护和新景观的营建。有人误以为自然景观都是石头、树木，没什么好看的，只有多搞一些人工建筑才能增加环境美。因此，在建设中不注意对原有山水和自然环境的保护，放炮开山，大兴土木，撕掉了青山绿衣，抽去了绿水之液，弄得原有的青山千疮百孔。有很多城市市内本不缺乏溪流，甚至本身就是建在江畔、湖滨、海边，可走遍城市却难以找到一处可供停下来观赏水景的地方。有很多城市依山建城，或城中本来有小山，但山却被楼宇房舍所包围。这些都是应注意纠正的。

其三，建设富有人情味的园林型居住社区。所谓建设园林型社区，就是要吸收中国古典园林的设计思想，在楼宇的基址选择、排列组合、建筑布局、体形效果、空间分隔、入口处理、回廊安排、内庭设计、小品点缀等方面做到有机统一，或在住宅社区规划中预留足够的空间建设园林景观，使居住者走入小区就可见园中有景，景中有人，人与景合，景因人异。在符合现状条件的情况下，可在山际安亭，水边留矶，使人亭中迎风待月，槛前细数游鱼，使小区内花影、树影、云影、水影、风声、水声、无形之景、有形之景交织成趣。在社区中心应有足够的社区公共交往空间，可以建绿地花园，也可以设富有乡土气息的井台、戏台、鼓楼，或以自然景观为主题的空间。小区内的道路除供车辆出行所必需外，应尽可能铺一些鹅卵石小路，达到"曲径通幽"的效果。住宅底层的庭园或入口花园也可以考虑用栅栏篱笆、勾藤满架来美化环境，使居住环境更别致典雅。

其四，充分运用景观学和生态学的思想，建设宜人的家居环境。现代的住宅环境全部要求居住之所依山临水不大现实，但住宅新区开发中应吸收景观生态学的基本思想，建设景观型住宅或生态型住宅。可在建房时注意形式美和视觉上的和谐，注意风景予人心理上和精神上的感受，并使自然美与人工美结合起来。注意不要重复千篇一律的"火柴盒""兵营"式的主体建筑，应充分运用生态学原理和方法，尽量使建筑风格多样化，富有人情味，使整个居住环境生机盎然。

2. 乡村园林的自然属性

（1）山谷平川

地壳的变化造成地形的起伏，千变万化的起伏现象赋予地球以千姿百态的面貌。在城市景观的创作中，利用好山势和地形是很有意思的。当山城相依时，城市建筑就应很好地结合地形变化，利用地形的高差变化创造出别具特色的景观。这就要求建筑物的体量和高度与山体相协调，使之与山地的自然面貌浑然一体。

（2）江河湖海

山有水则活，城市中有水则顿增开阔、舒畅之感。不论是江河湖泊，还是潭池溪涧，在城市中都可以被用作创造城市景观的自然资源。当水作为城市的自然边界时，需要十分小心地利用它来塑造城市的形象。精心控制界面建筑群的天际轮廓线，协调建筑物的体量、造型、形式和色彩。将其作为显示城市面貌的"橱窗"。当利用水面进行借景时，要注意城市与水体之间的关系作用。自然水面的大小决定了周围建筑物的尺度；反之，建筑物的尺度影响到水体的环境。当借助水体造景时，须慎重考虑选用。水面造景要与城市的水系相通，最好的办法就是利用自然水体来造景而不是选择非自然水来造景。例如，我国江南的许多城市，河与街道两旁的房屋相互依偎。有的紧靠河边的过街门楼似乎伸进水中，人们穿过一个又一个的拱形门洞时，步移景异，妙趣横生。此外，也可以充分利用城市中水流，在沿岸种植花卉苗木，营造"花红柳绿"的自然景观。

（3）植物

很多城市或毗邻树林，或有良好的绿带环绕，这些绿色生命给人们带来的不仅仅是气候的改善，还有心理上的满足。从大的方面来讲，带状的防护林网是中国大地景观的一大特色，在城市园林景观设计过程中，可以把这些防护林网保留并纳入城市绿地系统规划中。对于沿河林带，在河道两侧留出足够宽的用地，保护原有河谷绿地走廊，将防洪堤向两侧退后或设两道堤，使之在正常年份河谷走廊可以成为市民休闲的沿河绿地；对于沿路林带，当要解决交通问题时，可将原有较窄的道路改为步行道和自行车专用道，而在两林带之间的地带另辟城市交通性道路。此外，由于城市中建设用地相对宽裕，在当地居民的门前屋后还常常种植经济作物，到了一定季节，花开满院、挂果满枝，带来了独具生活气息的独特景观。

3. 园林景观的文化传承

快速的城市化脚步已将城市的灵魂——城市文化远远地甩在了奔跑的身影之后。在这个景观空间已经由生产资料转化为生产力的时代，又有哪个城市会为传统文化中的"七夕乞巧""鬼节祭祖""中秋赏月""重阳登高"等人文活动留下一点点空间？创造新的城市景观空间成了一种追求，为了更快、更高、更炫，可以毫不犹豫地遗弃过去。但城市的过去不应只是记忆，它更应该成为今日生存的基础、明日发展的价值所在。瑞士史学家雅各布·布克哈特（Jacob Burckhardt）曾说："所谓历史，就是一个时代从另一个时代中发现的、值得关注的东西。"无疑，传统文化符合这样的判断，它是历史，值得关注，但更应该依托于今天的城市园林景观，并不断发展并传承下去。

4. 城市园林景观的适应性

在当今城市园林景观发展中拓展其适应性，并使之成为维系景观空间与文化传承之间的重要纽带，是避免因城市空间的物质性与文化性各自游离甚至相悖而造成园林景观文化失谐现象的有效措施。通过梳理城市的文化传承脉络，重拾传统文化中"有容乃大"的精神内涵，创造丰厚的文化底蕴的空间以减轻来自物质基础的震荡，建立柔性文化适应性体系，进而催化出新的城市文化，是从根本上消融城市园林景观文化失谐现象的有效途径。同时，这也是提高城市文化抵御全球化冲击的能力，使之融于城市现代化进程中得以传承并发展的必要保证。

传统文化中"海纳百川"的包容性、适应性精神构成了中国传统城市园林景观设计理念的重要核心，以"空"的哲学思辨作为营建空间的指导思想是最具有价值的观念。在城市园林景观设计及管理中缺少对文化的传承，应该重新审视设计中对于不同的气候、土壤等外界条件的适应性考虑，加大对于人的行为、心理因素等内在需求的适应性探索，最为重要的是对于城市园林景观设计中"空"的本质理念的回归。"空"是产生城市园林景观功能性的基础，是赋予景观空间生活意义的舞台，更是激发人们在城市中进行人文景观再创作热情的行动宣言。

第四节 风景园林绿化工程生态应用设计

每个城市都有自己特定的地理环境、历史文化、乡土风情，特定的地理环境以及人对环境的适应和利用方式，形成了特定的文化形态，从而对城市的风景园林建设与发展起着重要的作用。本节将介绍有关风景园林绿化工程生态应用设计的相关内容。

一、中心城区绿化工程生态应用设计

（一）中心城区生态园林绿地系统人工植物群落的构建

1. 城市人工植物群落的建立与生态环境的关系

植物群落是一定地段上生存的多种植物的组合，是由不同种类的植物组成，并有一定的结构和生产量，构成一定的相互关系。建立城市人工植物群落要符合园林本身生态系统的规律。城市园林本身也是一个生态系统，是在园林空间范围内，绿色植物、人类、益虫害虫、土壤微生物等生物成分与水、气、土、光、热、路面、园林建筑等非生物成分以能量流动和物质循环为纽带构成的相互依存、相互作用的功能单元。在这一功能单元中，植物群落是基础，它具有自我调节能力，这种自我调节能力产生于植物种间的内稳定机制，内稳定机制对环境因子的干扰可以通过自身调节，使之达到新的稳定与平衡。这就是我们提倡建立城市人工植物群落的主要依据。

在园林绿地建设中，我们应该重视以生态学原理为指导的园林设计和自然生物群落的建立。创造人工植物群落，要求在植物配置上按照不同配置类型组成功能不同、景观异趣的植物空间，使植物的景色和季相千变万化，主调鲜明，丰富多彩。

2. 城市人工植物群落构建技术

城市人工植物群落构建技术主要包括：（1）遵循因地制宜、适地适树的原则，建设稳定的人工植物群落。（2）以乡土树种为主，与外来树种相结合，实现生物多样化和种群稳定性。（3）以乔木树种为主，乔、灌、花、草、藤并举，建立稳定而多样化的复层结构的人工植物群落。（4）在人工群落中要合理安排各类树种及比例。（5）突出市花市树，反映城市地方特色的风貌。（6）注意特色表现。（7）高大荫浓与美化、香化相结合。（8）注意人工群落内种间、种群关系，趋利抑弊，合理搭配。（9）尽量选择经济价值较高的树种。

（二）城市街道绿化

街道人工植物群落，主要包括市区内一类、二类、三类街道两旁绿化和中间分车带的绿化。其目的是给城市居民创造安全、愉快、舒适、优美和卫生的生活环境。在市区内组成一个完整的绿地系统网，能够给市区居民提供一个良好生活环境。道路绿化能够保护路面，使其免遭烈日暴晒，发挥延长道路使用寿命的作用；组织交通，保证行驶安全；美化街景，烘托城市建筑艺术，同时也可利用街道绿化隐蔽有碍观瞻的地段和建筑，使城市面貌显得更加整洁生动、活泼优美。

（三）行道树选择

1. 行道树选择原则

（1）应以成荫快、树冠大的树种为主。

（2）在绿化带中应选择兼有观赏性和遮阴功能的树种。

（3）城市出入口和广场应选择能体现地方特色的树种为主，它是展示城市绿化、美化水平的一个非常重要的窗口，关系到一个城市的形象，所以必须给它们确立一个鲜明而富有特色的主题。

（4）乔灌草结合的原则。

2. 行道树树种的运用对策

（1）突出城市的基调树种，形成独特的城市绿化风格。

（2）树种运用必须符合城市园林的可持续发展原则。

（3）注重景观效果，形成多姿多彩的园林绿化景观。

（4）尽量减少行道树的迁移，提倡在新建区或改造区路段植小树。

（5）完善配套设施，改变行道树的生长环境。行道树的生长条件相对较差，除了尽量避免各种电线、管道，选择抗瘠薄、耐修剪的行道树种外，还应完善配套设施，努力改善行道树的生长环境。

（6）建立行道树备用苗基地，按标准进行补植。备用苗基地中的树木与行道树基本同龄，这样就为使用相近规格的假植苗进行补植提供了保障。一方面，可以提高种植苗成活率；另一方面，又可避免补植时因没有合适的苗木而补植其他树种或规格相差很远的树苗。

（四）城市垂直绿化与屋顶绿化

1. 垂直绿化

垂直绿化（又称立体绿化、攀缘绿化或竖向绿化），是利用植物攀附和缠绕的特性在墙面、阳台、棚架、亭廊、石坡、临街围栅、篱架、立交桥等处进行绿化的形式。由于这种绿化形式多数是向物体垂直立面发展的，故称垂直绿化。垂直绿化的主要形式有：墙体绿化、阳台和窗台绿化、架廊绿化、篱笆与栅栏绿化和立交桥绿化等。

垂直绿化是在城市建成区平面绿地面积无法再扩大的情况下，有效增加城市绿化面积、改善城市生态环境、美化城市景观的重要方法。垂直绿化占地少，绿化效果大，又能达到美化环境的目的，促进维护良好的生态环境。垂直绿化可以利用攀缘、下垂、缠绕等性质的植物来装饰建筑物，使外貌增加美观，也可以掩饰其简陋的部分（如厕所、棚屋、破旧的围墙等）。因此，在建筑密集的城市里的机关、学校、医院、工厂、居住区、街道两侧进行垂直绿化，具有现实意义。

2. 屋顶绿化（屋顶花园）

屋顶绿化是指植物栽植或摆放于平屋顶的一种绿化形式。从一般意义上讲，屋顶花园是指在建筑物、构筑物的顶部、天台、露台之上所进行的绿化装饰及造园活动的总称。它是人们根据屋顶的结构特点及屋顶上的环境条件，选择生态习性与之相适应的植物材料，通过一定的技术艺法，从而达到丰富园林景观的一种形式。它是在一般绿化的基础上，进行园林式的小游园建设，为人们提供观光、休息、纳凉的场所。绿化屋顶不单单是为居民提供另一个休息的场所。对一个城市来说，它更是保护生态、调节气候、净化空气、遮阴覆盖、降低室温的一项重要措施，也是美化城市的一种办法。屋顶花园可以广泛地理解为在各类古今建筑物、构筑物、城围、桥梁等的屋顶、露台、天台、阳台或大型人工假山山体上进行造园、种植树木花卉的统称。它在改善城市生态环境，增加城市绿化面积，美化城市立体景观，缓解人们紧张情绪，改变局部小气候环境等方面起着重要的作用。因此，利用建筑物顶层，拓展绿色空间，具有极重要的现实意义。

二、社区绿化工程生态应用设计

（一）居住区绿化

1. 城市居住区绿化存在的问题

随着城市现代化进程，居住区的规划建设进入新的阶段，居住区的绿化工作也面临着新的课题，出现了以下一些新的问题：

（1）居住区绿地水平低，未达到国家规定的标准；

（2）部分居住区绿化不够完善；

（3）居住绿化建设未能"因地制宜"，绿化设计缺乏特色；

（4）过分强调草坪绿化；

（5）居住区环境绿地利用率低；

（6）未能针对环境功能开展绿化。

2. 居住区绿化植物选择与配置

由于居民每天大部分时间在居住区中度过，所以居住区绿化的功能、植物配置等不同于其他公共绿地。居住区的绿化要把生态环境效果放在第一位，最大限度地发挥植物改善和美化环境的作用，具体包括：（1）以乡土树种为主，突出地方特色；（2）发挥良好的生态效益；（3）考虑季相和景观的变化，乔灌草有机结合；（4）以乔木为主，种植形式多样且灵活；（5）选择易管理的树种；（6）提倡发展垂直绿化；（7）注意安全卫生；（8）注意与建筑物的通风、采光，并与地下管网有适当的距离；（9）注意植物生长的生态环境，适地种树。

3. 居住区的绿化规划与设计

（1）居住区园林绿地规划

居住区园林绿地规划一般分为：道路绿化、小型的公共绿地规划及住宅楼间绿地规划。

（2）居住区绿化设计

居住区绿化的好坏直接关系到居住区内的温度、湿度、空气含氧量等指标。因此，要利用树木花草形成良好生态结构，努力提高绿地率，达到新居住区绿地率不低于30%，旧居住区改造不宜低于25%的指标，创造良好的生态环境。

（二）工业区绿化

1. 厂区绿化植物的选择

工厂绿化植物的选择，不仅与城市绿化植物有共同的要求，而又有其特殊要求。要根据工厂具体情况，科学地选择树种，选择具有抵抗各种不良环境条件能力（如抗病虫害、抗污染物以及抗涝、抗旱、抗盐碱等）的植物，这是绿化成败的关键。不论是乡土树种，还是外来树种，在污染的工厂环境中，都有一个能否适应环境的问题。即使是乡土树种，未经试用，就不能大量移入厂区。不同性质的工矿区，排放物不同，污染程度不同；就是在同一工厂内，车间工种不同，对绿化植物的选择要求也有差异。为取得较好的绿化效果，根据企业生产特点和地理位置，要选择抗污染、防火、降低噪声与粉尘、吸收有害气体、抗逆性强的植物。

2. 厂区绿化布局

依据厂区内的功能分区，合理布局绿地，形成网络化的绿地系统。工厂绿地在建设过程中应贯彻生态性和系统性原则，构建绿色生态网络。合理规划，充分利用厂区内的道路、河流、输电线路，形成绿色廊道，形成网络状的系统布局，增加各个斑块绿地间的连通性，为物种的迁移、昆虫及野生动物提供绿色通道，保护物种的多样性，以利于绿地网络生态系统的形成。

工厂在规划设计时，一般都有较为明显的功能分区，如原料堆场、生产加工区、行政办公及生活区。各功能区环境质量及污染类型均有所不同。另外，在生产流程的各个环节，不同车间排放的污染物种类也有差异。因此，必须根据厂区内的功能分区，合理布局绿地，以满足不同的功能要求。例如，在生产车间周围，污染物相对集中，绿地应以吸污能力强的乔木为主，建造层次丰富、有一定面积的片林。办公楼和生活区污染程度较轻，在绿地规划时，以满足人群对景观美感和接近自然的愿望为主，配置树群、草坪、花坛、绿篱，营造季相色彩丰富、富有节奏和韵律的绿地景观。为职工在紧张枯燥的工作之余，提供一处清静幽雅的休闲之地，这样有利于身心健康。

三、居室绿化工程生态应用设计

（一）居室污染

1. 居室污染特点

（1）空气污染物由室外进入室内后其浓度大幅度递减。

（2）当室内也存在同类污染物的发生源时，其室内浓度比室外为高。

（3）室内存在一些室外所没有或量很少的独特的污染物，如甲醛、石棉、氡及其他挥发性有机污染物。

（4）室内污染物种类繁多，但存在危害严重的只有几十种，它们可分为化学性物质、放射性物质和生物性物质三类。

2. 居室污染来源

（1）居室空气污染

①居民烹调、取暖所用燃料的燃烧产物是室内空气污染的主要来源之一。

②吸烟也是造成居室空气污染的重要因素。

③家具、装修装饰材料、地毯等。

④人体污染。人体本身也是一个重要污染来源，人体代谢过程中能产生出几百种气溶胶和化学物质。

⑤通过室内用具如被褥、毛毯和地毯而滋生的尘螨等各种微生物污染。

⑥室外工业及交通排放的污染物通过门窗、空调等设施及换气的机会进入室内，如粉尘、二氧化硫等工业废气。

（2）居室噪声污染

室内噪声污染也危害人们的健康。室外传入室内的工业、交通、娱乐生活噪声等以及室内给排水噪音、各种家用电器使用的噪声等。

（3）居室辐射污染

各种家电通电工作时可产生电磁波和射线辐射，造成室内污染。例如，使用家用电器和某些办公用具会导致微波电磁辐射和臭氧。其中微波电磁辐射可引起头晕、头痛、乏力以及神经衰弱和白细胞减少等，甚至可能损害生殖系统。

（二）居室污染危害症状

1. "新居综合征"

一些人住进刚建成的新居不久，往往会有头痛、头晕、流涕、失眠、乏力、关节痛和食欲减退等症状，医学上称为"新居综合征"。这是因为新房在建筑时所用的水泥、石灰、涂料、三合板及塑料等材料都含有一些对人体健康有害的物质，如甲醛、苯、铅、石棉、聚乙烯和三氯乙烯等。这些有毒物质可通过皮肤和呼吸道的吸收侵入人体血液，影响肌体免疫力，有些挥发性化学物质还有致癌作用。

2."空调综合征"（airconditionsyndrome）（又称现代居室综合征）长时间使用空调的房间，受污染的程度更大。因为在使用空调的房间里，由于大多数门窗紧闭，室内已污染的空气往往被循环使用，加之现代人生活节奏加快，脑力消耗大，室内氧气无法满足人体健康的需要。同时大气污染造成了氧资源的缺乏，加之室内煤气灶、热水器、冰箱等家电与人争夺氧气，也使人很容易出现缺氧症状，给身体健康带来危害。

（三）室内防污植物的研究与选择

1.室内防污植物选择的原则

（1）针对性原则。针对室内空气质量而选择防污植物。

（2）多功能原则。即该植物防污范围较广或种类较多。

（3）强功能原则。可以使有限空间的植物完成净化任务。

（4）适应性原则。即所选物种适合室内生长并发挥净化作用。

（5）充分可利用性原则。

（6）自身防污染原则。

2.室内防污植物选择

花草植物之所以能够治理室内污染，其机理是：化学污染物是由花草植物叶片背面的微孔道吸收进入花草体内的，与花卉根部共生的微生物能有效地分解污染物，并被根部所吸收。根据科学家多年研究的结果，在室内养不同的花草植物，可以防止乃至消除室内不同的化学污染物质。特别是一些叶片硕大的观叶植物，如虎尾兰、龟背竹、叶兰等，能吸收建筑物内目前已知的多种有害气体的80%以上，是当之无愧的治污能手。

四、市郊绿化工程生态应用设计

（一）环城林带

环城林带主要分布于城市外环线和郊区域市的环线，从生态学而言，这是城区与农村两大生态系统直接发生作用的区域，主要生态功能是阻滞灰尘，吸收和净化工业废气与汽车废气，遏制城外污染空气对城内的侵害，也能将城内的工业废气、汽车排放的气体，如二氧化碳、二氧化硫、氟化氢等吸收转化，故环城林带可起到空气过滤与净化的作用。因而环城林带的树种应注意选择具有抗二氧化硫、氟化氢、一氧化碳和烟尘的功能。

（二）市郊风景区及森林公园

森林公园的建设是城市林业的主要组成部分，在城市近郊兴建若干森林公园，能改善城市的生态环境，维持生态平衡，调节空气的湿度、温度和风速，净化空气，使清新的空气输向城区，能提高城市的环境质量，保持人们的身体健康。

在大环境防护林体系基础上，进一步提高绿化美化的档次。重点区域景区以及相应的功能区，要创造不同景区景观特色。因此，树种选择力求丰富，力求各景区重点突出景观特征。群落景观特征明显，要与大环境绿化互为补充，相得益彰。乔木重点选择大花树种和季相显著的种类，侧重花灌木、草花、地被选择。

（三）郊区绿地和隔离绿地

在近郊与各中心副城、组团之间建立较宽绿化隔离带，避免副城对城市环境造成的负面影响，避免城市"摊大饼"式发展，形成市郊的绿色生态环，成为向城市输送新鲜空气的基地。

市郊绿化工程应用的园林植物应是抗性强、养护管理粗放、具有较强抗污染和吸收污染能力，同时有一定经济应用价值的乡土树种。有条件的地段，在作为群落上层木的乔木类中，适当注意用材、经济植物的应用；中层木的灌木类植物中，可选用药用植物、经济植物；而群落下层，宜选用乡土地被植物，既可丰富群落的物种、丰富景观造成乡村野趣，也可降低绿化造价和养护管理的投入。

五、郊县绿化工程生态应用设计

（一）城市生态园林郊县绿化工程生态应用设计的布局构想

1. 生态公益林（防护林）

生态公益林（防护林）包括沿海防护林、水源涵养林、农田林网、护路护岸林。依据不同的防护功能选择不同的树种，营建不同的森林植被群落。

2. 生态景观林

生态景观林是依地貌和经济特点而发展的森林景观。在树种的构成上，应突出物种的多样性，以形成丰富多彩的景观，为人们提供休闲、游憩、健身活动的好场所。海岛片林的建造应当选用耐水湿、抗盐碱的树种，同时注意恢复与保持原有的植被类型。

3. 果树经济林

郊县农村以发展经济作物林和乡土树种为主，利用农田、山坡、沟道、河岔发展果林、材林及其他经济作物林，既改善环境又增加了收入。要发展农林复合生态技术，根据生态学的物种相生相克原理，建立有效的植保型生态工程，保护天敌，减少虫口密度。

4. 特种用途林

因某种特殊经济需要，如为生产药材、香料、油料、纸浆之需而建造的林地或用于培育优质苗木、花卉品种以及物种基因保存为主的基地，也属于这一类型。

（二）植物的配置原则

1. 生态效益优先的原则

最大限度地发挥对环境的改善能力，并把其作为选择城市绿地植物时首要考虑的条件。

2. 乡土树种优先的原则

乡土植物是最适应本地区环境并生长能力强的种类，品种的选择及配置尽可能地符合本地域的自然条件，即以乡土树种为主，充分反映当地风光特色。

3. 绿量值高的树种优先原则

单纯草地无论从厚度和林相都显得脆弱和单调，而乔木具有最大的生物量和绿量，可选择本区域特有的姿态优美的乔木作为孤植树充实草地。

4. 灌草结合，适地适树的原则

大面积的草地或片植灌木，无论从厚度和林相都显得脆弱和单调，所以，土层较薄不适宜种植深根性的高大乔木时，需种植以形成草坪和灌木的灌草模式。

5. 混交林优于纯林的原则

稀疏和单纯种植物的绿地，植物群落结构单一，不稳定，容易发生病虫害，其生物量及综合生态效能是比较低的。为此，适量地增加阔叶树的种类，最好根据对光的适应性进行针阔混交林类型配置。

6. 美化景观和谐原则

草地的植物配置一定要突出自然，层次要丰富，线条要随意，色块的布置要注意与土地、层次的衔接，视觉上的柔和等问题。

参考文献

[1] 陈艳丽. 城市园林绿化工程施工技术 [M]. 北京：中国电力出版社，2017.03.

[2] 周增辉，田怡. 园林景观设计 [M]. 镇江：江苏大学出版社，2017.12.

[3] 薄楠林，姜丙玉，赵中用. 园林景观设计实践 [M]. 延吉：延边大学出版社，2017.07.

[4] 袁犁. 风景园林规划原理 [M]. 重庆：重庆大学出版社，2017.02.

[5] 黄丽霞，马静. 园林规划设计实训指导 [M]. 上海：上海交通大学出版社，2017.06.

[6] 赵淑琴. 城镇园林绿化工培训教程初级工 [M]. 兰州：甘肃科学技术出版社，2017.05.

[7] 吴卫光，梁励韵. 城市环境设施设计 [M]. 上海：上海人民美术出版社，2017.01.

[8] 王世新. 城镇园林绿化工培训教程高级工 [M]. 兰州：甘肃科学技术出版社，2017.05.

[9] 邵靖. 城市滨水景观的艺术至境 [M]. 苏州：苏州大学出版社，2017.02.

[10] 王希群，巩智民，郭保香. 城市园林绿化苗圃规划设计 [M]. 北京：中国林业出版社，2018.11.

[11] 徐文辉. 城市园林绿地系统规划第 3 版 [M]. 武汉：华中科技大学出版社，2018.02.

[12] 娄娟，娄飞. 风景园林专业综合实训指导 [M]. 上海：上海交通大学出版社，2018.08.

[13] 白颖，胡晓宇，袁新生. 环境绿化设计 [M]. 武汉：华中科技大学出版社，2018.05.

[14] 曾明颖，王仁睿，王早. 园林植物与造景 [M]. 重庆：重庆大学出版社，2018.09.

[15] 黄茂如. 黄茂如风景园林文集 [M]. 上海：同济大学出版社，2018.06.

[16] 万少侠，刘小平. 优良园林绿化树种与繁育技术 [M]. 郑州：黄河水利出版社，2018.06.

[17] 贾荣.城市绿廊现代城市绿化中的植物造景艺术 [M].长春：吉林美术出版社，2018.09.

[18] 朱燕辉，李秋晨，曹雷.园林景观施工图设计实例图解绿化及水电工程 [M].北京：机械工业出版社，2018.04.

[19] 胡松梅.园林规划设计 [M].世界图书出版社西安有限公司，2018.06.

[20] 刘树明.园林植物图鉴 [M].福州：福建科学技术出版社，2018.07.

[21] 黄丽霞，马静，李琴.园林规划设计实训指导 [M].上海：上海交通大学出版社，2018.08.

[22] 汪先锋.生态环境大数据 [M].中国环境出版集团，2019.10.

[23] 汪劲.生态环境监管体制改革与环境法治 [M].北京：中国环境科学出版社，2019.12.

[24] 罗康隆.苗疆边墙生态环境变迁研究 [M].北京：民族出版社，2019.01.

[25] 秦昌波，吕红迪，王冬明.区域生态环境空间管控研究 [M].中国环境出版集团，2019.04.

[26] 许建贵，胡东亚，郭慧娟.水利工程生态环境效应研究 [M].黄河水利出版社，2019.07.

[27] 秦毓茜.新时代生态环境与资源保护研究 [M].开封：河南大学出版社，2019.08.

[28] 孙瑞英.信息生态环境和谐演化 [M].北京：知识产权出版社，2019.01.

[29] 李秀红.生态环境监测系统 [M].中国环境出版集团，2020.06.

[30] 代丽华.国际贸易与生态环境：影响与应对 [M].北京：知识产权出版社，2020.06.

[31] 王学雷.洪湖湿地生态环境演变及综合评价研究 [M].武汉：湖北科学技术出版社，2020.12.

[32] 李伟新，巫素芳，魏国灵.矿产地质与生态环境 / 城市与建筑学术文库 [M].武汉：华中科学技术大学出版社，2020.09.